**WELT IM
ALARM
ZUSTAND**

W0174465

Peter Rudolf

WELT IM ALARM ZUSTAND

DIE WIEDERKEHR NUKLEARER ABSCHRECKUNG

Der Autor:

Peter Rudolf, geb. 1958, promovierter und habilitierter Politikwissenschaftler an der Stiftung Wissenschaft und Politik (SWP) in Berlin. Zuletzt erschienen: »Zur Legitimität militärischer Gewalt« (Schriftenreihe der Bundeszentrale für politische Bildung, Bd. 10099).

Bibliografische Information der Deutschen Nationalbibliothek
Die Deutsche Nationalbibliothek verzeichnet
diese Publikation in der Deutschen Nationalbibliografie;
detaillierte bibliografische Daten sind im Internet
über **http://dnb.dnb.de** abrufbar.

ISBN 978-3-8012-0640-6
[Auch als eBook erhältlich ISBN 978-3-8012-7045-2]

Copyright © 2022 by
Verlag J.H.W. Dietz Nachf. GmbH
Dreizehnmorgenweg 24, 53175 Bonn

Umschlag: Hermann Brandner, Köln
Satz: Rohtext, Bonn
Druck und Verarbeitung: CPI books, Leck

Besuchen Sie uns im Internet: **www.dietz-verlag.de**

Inhalt

Einleitung

Verschwunden war die nukleare Abschreckung nie, doch in den Hintergrund gerückt – und zumindest in Deutschland im Laufe der letzten Jahrzehnte dem öffentlichen Bewusstsein weitgehend entschwunden. Mit dem Angriffskrieg Russlands gegen die Ukraine und Präsident Putins nuklearen Drohgebärden im Februar 2022 hat sich das schlagartig geändert. Nukleare Abschreckung gewinnt in der Ära neuer Großmachtrivalitäten und damit einhergehender Bedrohungsvorstellungen wieder große Bedeutung – die Modernisierung der Kernwaffenarsenale schreitet voran, die Rüstungskontrolle ist weitgehend zusammengebrochen.

Deutsche Politik kann sich der neuen Debatte über die nukleare Abschreckung nicht entziehen. Sie wird in den USA intensiv geführt und strahlt in die NATO aus. Frankreich hat schon vor einiger Zeit die europäischen Partner zu einem Austausch über die »europäische Dimension« der französischen Nuklearabschreckung eingeladen. Putins Krieg gegen die Ukraine wird auch in Deutschland die Diskussion über eine europäische nukleare Abschreckung beleben, wenn erste Stimmen in dieser Richtung ein Indiz sind.[1] Die im deutschen sicherheits-

---

1 Herfried Münkler hat nahegelegt, »über eine nukleare Option der Europäer unabhängig von den USA nachzudenken, weil man ja nicht sicher sein kann, ob nicht womöglich in den USA demnächst wieder ein Präsident à la Donald Trump an der Macht ist«; <https://www.rnd.de/politik/ukraine-krieg-atomwaffen-in-eu-politologe-herfried-muenkler-fuer-optionen-OY43CODX35DJX-BUIII5WT3CZDM.html>. Da man sich nicht auf Ewigkeit auf den nuklearen Schutzschirm der USA verlassen könne, müsse Europa – so Berthold Kohler (»Wieder Krieg«, in: *Frankfurter Allgemeine Sonntagszeitung*, 27.2.2022, S. 1) unter deutscher Mitwirkung zu einer »Atommacht werden, die diesen Namen verdient.« Manfred Weber, der Vorsitzende der EVP-Fraktion im Europäischen Parlament, forderte, Deutschland müsse endlich das französische Angebot annehmen, einen Dialog über die europäische Rolle der nuklearen Abschreckung

politischen Denken tradierte Trennung von Abschreckung und Kriegsführung ist einer Auseinandersetzung mit den Problemen und Dilemmata nuklearer Abschreckung nicht förderlich. Eines geht jedoch nicht länger: Die deutsche Politik kann einer konkreten Diskussion über nukleare Abschreckung nicht mehr mit dem Verweis ausweichen, der Ernstfall eines Atomwaffeneinsatzes sei eine extrem fernliegende Möglichkeit.

Deutschland ist über die NATO und die nukleare Teilhabe in das nukleare Abschreckungssystem eingebunden. Zur nuklearen Teilhabe innerhalb der NATO gehört die Fähigkeit zum Einsatz der in Deutschland gelagerten amerikanischen Atombomben. Dafür sorgen atomwaffenfähige Tornado-Jagdbomber, die jedoch in die Jahre gekommen sind und durch F-35 Flugzeuge ersetzt werden sollen. Im Falle einer Bedrohung der fundamentalen Sicherheit eines Mitgliedstaates besitzt das Bündnis, wie etwa im Abschlussdokument des Brüsseler Gipfeltreffens vom Juni 2021 zu lesen, die Fähigkeit und die Entschlossenheit, einem Gegner »inakzeptable Kosten« aufzuerlegen.[2]

Bei der nuklearen Abschreckung handelt es sich im Kern um die Drohung, einem Gegner in großer Schnelligkeit einen sicheren Schaden großen Ausmaßes zufügen zu können, um seine Absichten zu beeinflussen und ihn von bestimmten Aktionen abzuhalten. Abschreckung, die sich auf die Drohung mit dem Einsatz von Nuklearwaffen stützt, unterscheidet sich von einer Abschreckung mit konventionellen Waffen in einem Punkt: Der Gegner weiß mit hoher Gewissheit, die Kosten werden für ihn groß sein, wenn es zum Einsatz nuklearer Waffen kommt.[3] Mit Nuklearwaffen lässt sich dem Gegner, wie es ein amerikanischer

---

Frankreichs zu führen (Manfred Weber, »Europa braucht einen eigenen Nuklearschirm«, in: *Die Welt*, 7.3.2022).

2   NATO, *Brussels Summit Communiqué. Issued by the Heads of State and Government Participating in the Meeting of the North Atlantic Council in Brussels, 14 June 2021*, <https://www.nato.int/cps/en/natohq/news_185000.htm>.

3   Siehe James J. Wirtz, »How Does Nuclear Deterrence Differ from Conventional Deterrence?«, in: *Strategic Studies Quarterly*, 12 (Winter 2018) 5, S. 58-75.

Abschreckungstheoretiker vor Jahrzehnten einmal ausdrückte, »monströse Gewalt« zufügen, ohne ihn zunächst militärisch besiegt zu haben.[4] Nuklearwaffen sind die materielle Grundlage dieser Form »*latenter* Gewalt«.[5] Ihre konkrete Ausprägung, die zwischen den Kernwaffenstaaten durchaus unterschiedlich sein kann, gewinnt sie in Gestalt von Nukleardoktrinen, also von politischen und strategischen Ideen über den Nutzen und die Rolle von Nuklearwaffen.

Wer sich auf eine Analyse nuklearer Abschreckung einlässt, der taucht in eine eigene Sprachwelt ein: in Debatten, die in einer »technostrategischen« Sprache geführt werden.[6] Dieser *Nukespeak* ist geprägt von bestimmten Annahmen und Abstraktionen, von Jargon und Euphemismen. Es ist eine Sprache, die verhüllt, um das was es geht: um die Drohung mit und den potenziellen Einsatz von Massenvernichtungsmitteln. Von *Counterforce*- und *Countervalue*-Optionen ist die Rede, von einem »Menü von Optionen«, von einem »nuklearen Austausch«, von einem »begrenzten Nuklearkrieg«, von »Eskalationsdominanz«, von »Präemptivschlägen«, von »Kollateralschäden«, von der »Verwundbarkeit« (von Waffen), von der »Überlebensfähigkeit« (von Waffen) – Begriffe, mit denen das Schreckliche entschärft, ja normalisiert wird. Es ist eine Sprache, in der nichts daran erinnert, dass es bei einem Einsatz von Nuklearwaffen um die massenhafte Tötung von Menschen geht.[7]

Mit dieser Analyse nuklearer Abschreckung und ihrer strategischen, rechtlichen, ethischen und politischen Probleme und Dilemmata soll Orientierungswissen für die sich abzeichnende

---

4 »Nuclear weapons make it possible to do monstrous violence to the enemy without first achieving victory.« Thomas C. Schelling, *Arms and Influence*, New Haven/London: Yale University Press, 1966, S. 22.

5 Ebd., S. 3.

6 Carol Cohn, »Sex and Death in the Rational World of Defense Intellectuals«, in: *Signs*, 12 (Sommer 1987) 4, S. 687-718.

7 Siehe Edward Schiappa, »The Rhetoric of Nukespeak«, in: *Communication Monographs*, 56 (September 1989), S. 253-272.

neue Nukleardebatte vermittelt werden. Was erwartet die Leserin, den Leser in diesem Rückblick und Ausblick auf die nukleare Abschreckung? Im *ersten* Teil richtet sich der Blick auf die internationale Dimension: auf das *System der Abschreckung* zwischen USA und Russland und zwischen USA und China. Denn dies sind die beiden zentralen geopolitischen Konfliktkonstellationen. Im *zweiten* Teil wird die nukleare *Abschreckungspolitik* der NATO analysiert, die sehr stark von dem Abschreckungsdenken geprägt ist, wie es sich im Laufe des Kalten Krieges in den USA entwickelt hat. Im *dritten* Teil weitet sich der Blick auf die normative Dimension: auf die Frage nach der *Legitimität* nuklearer Abschreckung.

Der Autor stützt sich dabei in Teilen auf einige Vorarbeiten, die als Studien der Stiftung Wissenschaft und Politik (SWP) erschienen sind, jedoch überarbeitet, erweitert und aktualisiert wurden. In diese Analysen sind Kritik und Anregungen einiger Kolleginnen und Kollegen eingeflossen, denen der Autor herzlich dankt, namentlich Michael Alfs, Oliver Meier, Michael Paul, Volker Perthes, Wolfgang Richter, Markus Schacht und Gudrun Wacker.

1 Nukleare Abschreckung in der Ära neuer Großmachtrivalitäten

Im sicherheitspolitischen Diskurs der Vereinigten Staaten ist die machtpolitische Konkurrenz mit einem aufstrebenden China sowie einem wiedererstarkenden Russland seit einigen Jahren in den Brennpunkt gerückt. Die USA, im vorherrschenden Selbstverständnis seit dem Zweiten Weltkrieg der globale Garant von Sicherheit und Stabilität, sind aus dieser mittlerweile die außenpolitische Debatte prägenden Sicht einer neuen strategischen Konstellation ausgesetzt. China und Russland werden weithin als »revisionistische« Staaten wahrgenommen, die ihre Macht und ihren Einfluss auf Kosten der USA und der von ihr geführten internationalen Ordnung ausweiten wollen und sich dabei aller Mittel im »Graubereich« unterhalb der Schwelle eines Krieges mit den USA bedienen. In China dagegen gelten die USA als revisionistische Macht, die seit Ende des Ost-West-Konflikts danach trachtet, die internationale Umwelt umzugestalten. Moskau wiederum wertet das Vordringen der USA in den postsowjetischen Raum als Ausdruck einer revisionistischen Politik auf regionaler Ebene.[1] Mittlerweile sind in den USA unter Präsident Biden die Konflikte mit Russland und China in das Narrativ einer fundamentalen Auseinandersetzung zwischen Autokratie versus Demokratie eingebettet.

Großmachtrivalitäten sind gefährlich – für die internationale Ordnung wie für die weltweite Sicherheit. Sie bringen das Risiko

---

1   Ausführlich dazu Peter Rudolf, *US-Geopolitik und nukleare Abschreckung in der Ära neuer Großmachtrivalitäten*, Berlin: Stiftung Wissenschaft und Politik, Mai 2018.

eines Krieges hervor, und damit ändert sich auch der Stellenwert nuklearer Abschreckung. Sie ist nicht länger ein Hintergrundfaktor, wie das in der Periode nach dem Ost-West-Konflikt der Fall war.

1.1 Nukleare Abschreckung in den amerikanisch-russischen Beziehungen

Lange ist es her: Anfang der 1990er-Jahre bestand auf amerikanischer Seite die Hoffnung, ein demokratisches Russland ließe sich als Partner in die von den USA geführte internationale Ordnung einbinden.[2] Als Voraussetzung für ein dauerhaft kooperatives Verhältnis galt der Erfolg der russischen Reformpolitik, ganz im Sinne der liberalen Erwartung, mit einem demokratischen Russland werde sich die Struktur europäischer und internationaler Politik verändern. Russland war nicht mehr der weltpolitische und ideologische Gegner, der die Sowjetunion einst war. Russland wurde aber auch nicht der demokratische Partner, den sich die USA erhofften. Die Euphorie der frühen 1990er-Jahre wich bald einer Ernüchterung, die in der Rede vom »Kalten Frieden« zum Ausdruck kam.

Anfänglich, in den Jahren 1993–1994, war die Erweiterung der NATO auf russischer Seite mit der Erwartung verbunden, sie könnte Russland einschließen und das Land würde so einen seiner Größe entsprechenden Status als wichtiger Partner der USA bekommen. Doch diese Erwartung war illusorisch und die Gegnerschaft zur NATO-Erweiterung wurde zum vorherrschenden Narrativ.[3] Die zentrale Rolle der NATO und damit der führenden

---

2   Zur Entwicklung der amerikanisch-russischen Beziehungen siehe Angela E. Stent, *The Limits of Partnership: U.S.-Russian Relations in the Twenty-First Century*, Princeton/Oxford: Princeton University Press 2014.
3   Siehe Sergey Radchenko, »›Nothing but humiliation for Russia‹: Moscow and NATO's Eastern enlargement, 1993-1995«, in: *Journal of Strategic Studies*, 43

Rolle der USA in der europäischen Sicherheitsarchitektur war für Russland unvereinbar mit seiner Konzeption von Sicherheit.[4] Was Washington als Kern einer neuen Sicherheitsarchitektur ansah, die Erweiterung der NATO in den postsowjetischen Raum, nahm Moskau weithin als Fortsetzung des alten Spiels der Gleichgewichts- und Eindämmungspolitik wahr, mit der Russland die Pufferzone an der Westgrenze genommen wurde.[5] Aus russischer Sicht galt zudem die Politik der Demokratisierungsförderung, wie sie unter Präsident George W. Bush betrieben wurde, als Instrument amerikanischer Einflussausweitung in diesem Raum.[6]

Russland ist seit Putins erneuter Wahl zum Präsidenten im Jahre 2012 bestrebt, seinen Einfluss über die eigene Peripherie und die dort beanspruchte »privilegierte Interessensphäre« hinaus zulasten der USA auszuweiten.[7] Die »Hegemonie« der USA wird in Moskau weithin als eine Gefahr für die eigenen Kerninteressen angesehen – Regimesicherheit, Vorrangstellung im »Nahen Ausland«, Großmachtstatus. Die entscheidende ordnungspolitische Konfliktlinie zwischen den USA und Russland ist die geopolitische: der russische Anspruch auf eine Einflusssphäre in früheren Sowjetrepubliken.[8]

(2020) 6-7, S. 769-815.

4   Siehe Andrey A. Sushentsov/William C. Wohlforth, »The tragedy of US-Russian relations: NATO centrality and the revisionists' spiral«, in: *International Politics*, 57 (2020), S. 427-450.

5   Siehe Charles E. Ziegler, »A Crisis of Diverging Perspectives: U.S.-Russian Relations and the Security Dilemma«, in: *Texas International Security Review*, 4 (Winter 2020/2021)1, S. 11-33.

6   Siehe Ruth Deyermond, »Disputed Democracy: The Instrumentalisation of the Concept of Democracy in US-Russia Relations during the George W. Bush and Putin Presidencies«, in: *Comillas Journal of International Relations*, (2015) 3, S. 28-43.

7   Siehe Paul Stronski/Richard Sokolsky, *The Return of Global Russia: An Analytical Framework*, Washington, D.C.: Carnegie Endowment for International Peace, 2017.

8   Siehe Andrew Radin/Clint Reach, *Russian Views of International Order*, Santa Monica, CA: RAND Corporation, 2017, bes. S. 85-89.

Nach der gewaltsamen Annexion der Krim im Frühjahr 2014 erreichten die amerikanisch-russischen Beziehungen ihren bis dahin tiefsten Punkt seit Auflösung der Sowjetunion. Das russische Verhalten 2014 lässt sich aus geostrategischer Perspektive unschwer erklären.[9] Die Umwälzung in der Ukraine drohte – wie eine Studie der vor allem für das Pentagon arbeitenden US-Denkfabrik RAND resümierte – Russlands Hoffnung zunichtezumachen, über eine Integration der Ukraine in die Eurasische Union den eigenen Einfluss im postsowjetischen Raum zu stärken. Eine westlich orientierte, sich an die EU annähernde Ukraine hätte aus russischer Sicht die Machtbalance verändert und es wahrscheinlicher werden lassen, dass Russlands »strategischer Alptraum« Wirklichkeit würde: eine NATO-Mitgliedschaft der Ukraine.[10] Die USA und die NATO wiederum stellen in dieser Wahrnehmung – wie Russlands neue Militärdoktrin von Dezember 2014 verdeutlichte – eine militärische Gefahr dar, sei es regional (über die Erweiterung der Allianz und die Maßnahmen zur Rückversicherung der Verbündeten an der Grenze zu Russland), sei es auf (nuklear-)strategischer Ebene (über den Aufbau eines Raketenverteidigungssystems, über nicht nukleare strategische Waffen und Fähigkeiten zum Cyberwarfare).[11]

In der Rechtfertigung des Angriffskrieges gegen die Ukraine im Februar 2022 verwob Putin im russischen Diskurs zu findende Elemente nationalistisch-imperialen Denkens - die Ukraine als Geschöpf der Bolschewiken, der »Genozid« an Russen, »die

---

9   Siehe Elias Götz, »It's Geopolitics, Stupid: Explaining Russia's Ukraine Policy«, in: *Global Affairs*, 1 (2015) 1, S. 3–10; zur Diskussion unterschiedlicher Ansätze für die Erklärung russischer Politik im »nahen Ausland« siehe ders., »Putin, the State, and War: The Causes of Russia's Near Abroad Assertion Revisited«, in: *International Studies Review*, 19 (2017) 2, S. 228-253.
10   F. Stephen Larrabee/Peter A. Wilson/John Gordon IV, *The Ukrainian Crisis and European Security: Implications for the United States and U.S. Army*, Santa Monica: RAND Corporation, 2015, S. 5.
11   Siehe Margarete Klein, *Russlands neue Militärdoktrin. NATO, USA und »farbige Revolutionen« im Fokus*, Berlin: Stiftung Wissenschaft und Politik, Februar 2015.

Entnazifizierung« der Ukraine – zu einem ideologischen Narrativ, das über geostrategisches Worst-Case-Denken hinausgeht: Darin ist die schiere Existenz der Ukraine das Kernproblem.[12]

Nicht erst die Invasion der Ukraine 2022, sondern bereits die Annexion der Krim 2014/2015 war von kaum verhüllten russischen Nukleardrohungen begleitet, um den USA gegenüber Entschlossenheit zu demonstrieren und die Reaktionen in Europa zu testen.[13] Kurz vor dem Beginn des Angriffskrieges gegen die Ukraine ließ Putin eine Übung der Nuklearstreitkräfte abhalten. Zu Beginn des Einmarsches in die Ukraine erinnerte er daran, Russland bleibe eine der stärksten Nuklearmächte: Niemand solle bezweifeln, »dass ein direkter Angriff auf unser Land zu einer Niederlage und schlimmen Konsequenzen für jeden potenziellen Angreifer führen würde«.[14] Die »Abschreckungskräfte« wurden, so hieß es dann, in einen höheren Alarmzustand versetzt: Die Personalstärke in den Kommandozentralen der Nuklearstreitkräfte wurde erhöht. Nukleare U-Boote liefen zu Manövern in der Barentssee aus, Einheiten der Strategischen Raketenkräfte in Sibirien übten, mobile Startgeräte für Interkontinentalraketen in Wäldern zu verbergen. Ansonsten wurden keine weiteren Schritte bekanntgegeben oder beobachtet, etwa die Beladung von Flugzeugen mit Atomwaffen oder Bewegungen an den Orten, wo Nuklearwaffen kürzerer Reichweite gelagert sind. Russland hält jedoch ohnehin – wie die USA übrigens auch – einen Teil seiner weitreichenden ballistischen Raketen in einem Bereitschaftsgrad, der eine schnelle Reaktion ermöglicht.

---

12 Siehe Marlene Laruelle/Ivan Grek, »Decoding Putin's Speeches: The Three Ideological Lines of Russia's Military Intervention in Ukraine«, *Russia Matters*, 25.2.2022; <https://russiamatters.org/analysis/decoding-putins-speeches-three-ideological-lines-russias-military-intervention-ukraine>.

13 Siehe Jonathan Cosgrove, *The Russian Invasion of the Crimean Peninsula 2014-2015: A Post-Cold War Nuclear Crisis Case Study*, The Johns Hopkins University Applied Physics Laboratory, 2020.

14 Die Rede ist auszugsweise in Übersetzung abgedruckt in: *Süddeutsche Zeitung* (online), 24.2.2022.

Die Drohung mit einer möglichen nuklearen Eskalation diente offenkundig dazu, andere Staaten von einer militärischen Intervention abzuschrecken.[15] Putins nukleare Drohgebärden erinnerten manche Beobachter in den USA an die *Madman Theory* von Präsident Nixon im Vietnam-Krieg im Jahre 1969. Damals ordnete er eine erhöhte nukleare Alarmbereitschaft an, um den Eindruck zu erwecken, er sei unberechenbar, instabil und zu allem bereit. Doch Hanoi und Moskau ignorierten damals schlicht die nuklearen Signale, sie ließen sich nicht bluffen.[16]

Moskaus *Nuclear Signaling* machte den Ukraine-Krieg zu einer nuklearen Krise – mit dem Risiko sowohl einer vorbedachten als auch einer unbeabsichtigten Eskalation: einer vorbedachten Eskalation in dem Sinne, dass Russland im Falle einer sich verschlechternden Kriegssituation taktische Kernwaffen in der Hoffnung einsetzen könnte, die Ukraine werde den Kampf oder die USA und andere Staaten würden ihre Nachschublieferungen einstellen; einer unbeabsichtigten, sollte sich die Krise zwischen Russland und dem Westen weiter zuspitzen. In einer solchen Situation können zweideutige Signale im Lichte der schlimmsten Vermutungen interpretiert werden und so das Risiko wechselseitiger Fehlwahrnehmungen erhöhen. Aus Sorge um mögliche Fehlwahrnehmungen verzichtete das US-Verteidigungsministerium auf einen geplanten routinemäßigen Test einer Interkontinentalrakete.[17] In einer Situation der Ungewissheit darüber, was Russland alles als Einmischung verstehen könnte, lautete die Po-

---

15   Siehe Kristin Ven Bruusgaard, »As Russia struggles in Ukraine, will Putin break the nuclear taboo?«, in: *The Guardian*, 2.3.2022; Caitlin Talmadge, »What Putin's Nuclear Threats Mean for the U.S.«, in: *The Wall Street Journal Online*, 3.3.2022; Zack Beauchamp, »Why the US won't send troops to Ukraine«, in: *VOX*, 25.2.2022.
16   Siehe Scott D. Sagan, »The World's Most Dangerous Man«, in: *Foreign Affairs*, 16.3.2022.
17   Siehe Caitlin Talmadge, »The Ukraine crisis is now a nuclear crisis«, in: *The Washington Post*, 27.2.2022; James M. Action, »How to prevent nuclear war: give Putin a way out«, in: *The Washington Post*, 1.3.2022; Jordan Michael Smith, »Would Putin Really Go Nuclear? Well…«, in: *The New Republic*, 7.3.2022.

litik der Biden-Administration: Waffenlieferungen an die Ukraine, eine gewisse nachrichtendienstliche Unterstützung, umfassende Sanktionen ja – aber strikte Ablehnung der ukrainischen Bitte um Durchsetzung einer Flugverbotszone und Vermeidung all dessen, was als eine direkte Beteiligung an einem bewaffneten Konflikt verstanden werden und – so die große Sorge - zu einer Verwicklung mit russischen Streitkräften führen könnte.[18]

Krisen zwischen antagonistischen Atommächten sind überschattet vom Risiko der nuklearen Eskalation. Das gilt in besonderem Maße für Krisen zwischen den USA und Russland. Denn die amerikanisch-russischen Beziehungen sind vor allem von der »strategischen Interdependenz«[19] bestimmt, die sich aus der wechselseitigen atomaren Vernichtungsfähigkeit ergibt.[20] Die daraus resultierende Nukleargegnerschaft ließ sich in den mehr als 30 Jahren seit Auflösung der Sowjetunion nicht überwinden.[21] Die USA und Russland haben zwar ihre Bestände an Nuklearwaffen seit Beginn der 1990er-Jahre reduziert, doch zusammen verfügen sie noch immer über rund 90 Prozent aller Atomwaffen weltweit. Nach den Bestimmungen des am 5. Februar 2011 in Kraft getretenen *New Strategic Arms Reduction Treaty* (New START), dessen Laufzeit im Jahre 2021 bis zum 4. Februar 2026 verlängert wurde, haben USA und Russland die Zahl ihrer gefechtsbereit stationierten strategischen Gefechtsköpfe verrin-

18   Siehe Nahal Toosi, »White House sweats over its growing entanglement in Ukraine«, in: *Politico*, 9.3.3022.
19   Zum Begriff »strategische Interdependenz« siehe Robert O. Keohane/ Joseph S. Nye, *Power and Interdependence*, New York : Harper Collins, ²1989, S. 24–29.
20   Als Überblick über die Probleme nuklearer Abschreckung zwischen USA und Russland Stephen J. Cimbala, *The United States, Russia and Nuclear Peace*, Palgrave MacMillan, 2020.
21   Zur Konstanz nuklearer Abschreckung im amerikanisch-russischen Verhältnis und ihren möglichen Ursachen (darunter Misstrauen, institutionelle Interessen der nuklearen Komplexe, Risiko-Aversion) siehe Belfer Center for Science and International Affairs/Institute for U.S. and Canadian Studies, *Transcending Mutual Deterrence in the U.S.-Russian Relationship*, Cambridge, MA/Moskau, September 2013.

gert; ihre Zahl liegt auf beiden Seiten etwas unter der vereinbarten Höchstzahl von 1.550. Ungeachtet dieser Beschränkungen aber schreitet die Modernisierung der strategischen Atomwaffenarsenale beider Seiten voran.

Zu Beginn des Jahres 2021 verfügten die USA über etwa 3.800 nukleare Gefechtsköpfe, die gefechtsbereit oder als Reserve bedingt einsatzbereit sind. Rund 1.800 sind gefechtsbereit stationiert, 1.400 auf see- und landgestützten ballistischen Raketen, 300 auf Basen der strategischen Bomber in den USA und etwa 100 auf Flughäfen in Europa. Der Rest des nuklearen Potenzials von etwa 2.000 Gefechtsköpfen stellt eine nicht einsatzbereite Reserve dar – als Absicherung für den Fall, dass sich in der Bedrohungskonstellation überraschend etwas ändern sollte. Hinzu kommen noch etwa 1.750 außer Dienst gestellte Gefechtsköpfe, die für die Demontage vorgesehen sind.[22]

Russland verfügt Einschätzungen zufolge über 4.500 nukleare Gefechtsköpfe, die für den Einsatz auf weitreichenden strategischen Systemen sowie taktischen Systemen kürzerer Reichweite vorgesehen sind. Etwa 800 Gefechtsköpfe sind auf langestützten ballistischen Raketen stationiert, etwa 624 auf strategischen U-Booten und 200 auf Flugzeugen. Hinzu kommen ungefähr 985 strategische und 1.912 nicht strategische Gefechtsköpfe, die nicht einsatzbereit gelagert sind. Wie auch auf amerikanischer Seite warten Gefechtsköpfe auf ihre Demontage; rund 1.760 an der Zahl. Das nukleare Modernisierungsprogramm, mit dem alte, aus Sowjetzeiten stammende Waffensysteme durch neue ersetzt werden, ist beträchtlich vorangeschritten und nähert sich dem Abschluss.[23]

Wie sehr die nukleare Gegnerschaft aus der Zeit der Ost-West-Konfrontation fortdauert, zeigt sich nirgendwo deutlicher als in

---

22 Siehe Hans M. Kristensen/Matt Korda, »United States Nuclear Forces, 2021«, in: *Bulletin of the Atomic Scientists*, 77 (2021) 1, S. 43-63.
23 Siehe Hans M. Kristensen/Matt Korda, »Russian Nuclear Weapons, 2021«, in: *Bulletin of the Atomic Scientists*, 77 (2021) 2, S. 90-108.

der Aufrechterhaltung der prompten Einsatzfähigkeit von Hunderten Raketen auf jeder Seite.[24] Zwar schlossen im Januar 1994 die Präsidenten Clinton und Jelzin eine Vereinbarung, nach der die beiden Staaten ihre land- und seegestützten ballistischen Raketen nicht mehr aufeinander richten. Das wechselseitige *Detargeting* ist jedoch rein »kosmetisch und symbolisch«.[25] Auf beiden Seiten lassen sich die Raketen in Sekundenschnelle auf die programmierten Zielpunkte im anderen Land ausrichten.

Beide Seiten halten daran fest, notfalls unter höchstem Zeitdruck die Entscheidung zum Einsatz ihrer Arsenale treffen zu können, sobald die Frühwarnsysteme den Abschuss gegnerischer Raketen melden (*launch on warning* oder, den Ausruck bevorzugt das amerikanische Militär: *launch under attack*). Auf diese Weise soll verhindert werden, dass ein gegnerischer Erstschlag die eigenen Atomwaffen ausschaltet. Die Befürchtung, die andere Seite könnte versucht sein, einen entwaffnenden nuklearen Erstschlag auszuführen, spielte zur Zeit des amerikanisch-sowjetischen Antagonismus eine große Rolle. Bis heute prägt dieses Worst-Case-Szenario die nukleare Abschreckung.[26]

Zwar hatten die Präsidenten George W. Bush und Barack Obama zu Beginn ihrer Amtszeit davon gesprochen, die Interkontinentalraketen aus diesem ständigen Alarmstatus zu nehmen. Doch in der Praxis hat sich nichts geändert. Warum halten die USA an der ständigen Gefechtsbereitschaft fest? Zwei Argumente sind immer wieder zu vernehmen: Zum einen seien die

---

24 Siehe Gregory D. Koblentz, *Strategic Stability in the Second Nuclear Age*, New York/Washington, D.C.: Council on Foreign Relations, November 2014 (Council Special Report Nr. 71), S. 7 ff.

25 Bruce G. Blair, »Russian Nuclear Policy and the Status of Detargeting«, 17.3.1997; <https://www.brookings.edu/testimonies/russian-nuclear-policy-and-the-status-of-detargeting/>.

26 Siehe Global Zero Commission on Nuclear Risk Reduction, *De-Alerting and Stabilizing the World's Nuclear Force Postures*, April 2015, S. 32 ff. <https://www.globalzero.org/wp-content/uploads/2018/10/Global-Zero-Commission-on-Nuclear-Risk-Reduction-Full-Report.pdf>.

landgestützten Raketen verwundbar für einen gegnerischen Erstschlag; zum anderen müsste in einer Krise schnell die Gefechtsbereitschaft wiederhergestellt werden. Diese Maßnahme könnte den Gegner jedoch zu einem Erstschlag verleiten, bevor die amerikanischen Interkontinentalraketen wieder einsatzbereit wären. Allerdings wären die USA ja, was eine solche Argumentation ausblendet, mit ihren seegestützten Raketen zu einem verheerenden Zweitschlag in der Lage.[27]

Auch aus russischer Sicht ist die prompte Einsatzbereitschaft mit Blick auf einen gegnerischen Erstschlag wichtig. Die meisten Gefechtsköpfe befinden sich nämlich auf Interkontinentalraketen (ICBM), die fest in Silos stationiert sind, und die mobilen ICBMs sind wohl die meiste Zeit nicht in Bewegung. Ähnlich wie auf amerikanischer Seite wird auch auf russischer Seite argumentiert, es könne der Krisenstabilität abträglich sein, wenn die Raketen nicht in ständiger Gefechtsbereitschaft gehalten würden: Denn dann begänne in einer Krise ein Wettlauf darum, wer seine Raketen schneller in Gefechtsbereitschaft versetzen könne.[28]

Die amerikanischen Militärs wollten auch nach dem Ost-West-Konflikt an der Option eines *Launch under Attack* festhalten – ungeachtet der Risiken, die sich aus einem falschen Alarm ergeben können. Soweit bekannt, gab es in den Jahren 1979 und 1980 vier fälschliche Meldungen über herannahende sowjetische Raketen, und das zu einer Zeit, als die Beziehungen zwischen Washington und Moskau wegen der sowjetischen Invasion in Afghanistan so angespannt wie nie seit der Kuba-Krise waren. Als am frühen Morgen des 3. Juni 1980 Präsident Carters Sicherheitsberater Zbigniew Brzezinski die Nachricht bekam, Hunderte sowjetischer Atomraketen seien im Anflug, entschied er, seine

---

27   Siehe Frank N. von Hippel, »Biden should end the launch-on-warning option«, in: *Bulletin of the Atomic Scientists*, 22.6.2021.

28   *Reframing Nuclear De-Alert: Decreasing the operational readiness of U.S. and Russian arsenals*, New York: The EastWest Institute 2009, S. 6f.

Frau nicht zu wecken; sie sollte besser im Schlaf sterben. Bevor er telefonisch dem Präsidenten einen Gegenschlag empfehlen konnte, erhielt er den Anruf, es habe sich um einen Fehlalarm gehandelt. Ein defekter Computerchip im Hauptquartier des *North American Air Defense Command* (Norad) hatte den Fehlalarm ausgelöst.[29]

Sollten Frühwarnsysteme einen gegnerischen Erstschlag melden, bleibt dem amerikanischen Präsidenten nur eine kurze Zeitspanne zwischen dem Eintreffen gegnerischer Raketen, die die eigenen landgestützten Raketen in ihren Silos oder die Kommando-, Kontroll- und Kommunikationssysteme ausschalten könnten, und der Zeit für einen Befehl zum Abschuss der eigenen Raketen. Diese Zeitspanne beläuft sich auf 30 Minuten im Falle eines Angriffes durch russische Interkontinentalraketen, sie reduziert sich auf 10 bis 15 Minuten, wenn Russland seegestützte Raketen aus ozeanischen Gewässern einsetzen sollte. Sollten russische seegestützte Marschflugkörper aus amerikanischen Küstengewässern zum Abschuss kommen, könnten sie Washington vielleicht ganz ohne Vorwarnzeit erreichen. Im besten Fall bleiben dem US-Präsidenten 6 Minuten, um über einen Atomwaffeneinsatz zu entscheiden – und dies auf der Basis, dass die für die Frühwarnung zuständigen Teams mit »hoher« oder »mittlerer Sicherheit« einen gegnerischen Raketenangriff melden.[30]

Der Präsident hat die alleinige Autorität, über den Einsatz von Atomwaffen zu entscheiden. Mit Blick auf die Staaten, die als mögliche Gegner gelten – Russland, China und Nord-Korea – gibt es eine Reihe vorab festgelegter Einsatzoptionen. Die militärische Führung hat beratende Funktion. Der Vorsitzende der Vereinigten Stabchefs ist als militärischer Berater des Präsidenten,

---

29 Siehe Eric Schlosser, »World War Three, By Mistake«, in: *The New Yorker*, 23.12.2016.
30 Siehe Bruce G. Blair, »Loose cannons: The President and US nuclear posture«, in: *Bulletin of the Atomic Scientists*, 76 (2020) 1, S. 14-26 (17 ff.).

wie es der Vorsitzende General Milley beschrieb, in der »Kommunikationskette«, nicht aber in der »Befehlskette«. Er würde im Ernstfall an einer »Entscheidungskonferenz« beteiligt sein, um die Befehle des Präsidenten zu beglaubigen und sicherzustellen, dass der Präsident in vollem Maße über die Folgen eines Einsatzes informiert ist. Das Befehlssystem ist auf Schnelligkeit ausgelegt, nicht auf Diskussionen.[31] Die amerikanischen Militärs sind nach dem *Uniform Code of Military Justice* dazu verpflichtet, Befehlen zu gehorchen, sofern sie legal sind und von einer kompetenten Autorität kommen.[32]

Dass eine Person über den Einsatz von Atomwaffen entscheidet, wird in den USA auch kritisch gesehen – vor allem mit Blick auf Präsidenten, deren Verhalten in der Administration selbst Beunruhigung hervorrief. In der Endphase der Präsidentschaft Nixons instruierte der damalige Verteidigungsminister James Schlesinger Berichten zufolge den Kommandeur des *Strategic Air Command*, er solle mit ihm oder Außenminister Henry Kissinger Rücksprache halten, falls Nixon (damals wohl häufig betrunken und durch das Amtsenthebungsverfahren unter Druck) »ungewöhnliche Befehle« gebe.[33] In der Endphase der Trump-Administration kontaktierte der Vorsitzende der Vereinten Stabschefs auf Anweisung des damaligen Verteidigungsministers Mark Esper am 30. Oktober 2020 das chinesische Militär, um zu signalisieren, es sei kein nuklearer Angriff geplant, und die Situation zu deeskalieren – denn es gab Geheimdienstberichte über solche Befürchtungen auf chinesischer Seite.[34]

---

31   Siehe ebd., S. 14f.
32   Siehe Amy Wolf, *Defense Primer: Command and Control of Nuclear Forces*, Washington: Congressional Research Service, Updated 30.9.2021.
33   Siehe Fred Kaplan, *The Bomb: Presidents, Generals, and the Secret History of Nuclear War*, New York u.a.: Simon&Schuster, 2020, S. 289f.
34   Siehe Helene Cooper, »Milley defends his actions at the end of Trump's term, saying top officials knew of his calls to China«, in: *The New York Times*, 28.9.2021.

Der Zeit- und Entscheidungsdruck dürfte auf russischer Seite nicht geringer sein, wenn aus Moskauer Sicht ein Nuklearangriff durch die USA drohen sollte. In Russland haben, soweit bekannt, drei Personen jene tragbaren Terminals, mit denen der Code für den Einsatz von Kernwaffen an die strategischen Raketenkräfte übermittelt wird: der Präsident als oberster Befehlshaber, der Verteidigungsminister und der Generalstabschef. Der Einsatz erfordert, dass die Kodes von mindestens zwei Terminals eingehen. Russland verfügt über ein aus den 1980er-Jahren stammendes spezielles Kommando- und Kontrollsystem, mit dem die Möglichkeit eines massiven Vergeltungsschlages im Falle eines gegnerischen Erstschlages und der Ausschaltung der sowjetischen beziehungsweise russischen Führung sichergestellt werden soll.[35] Außer dem Namen »Perimeter« ist aus offiziellen Quellen wenig über dieses System bekannt. Wenn Sensoren in einer internationalen Krise eine nukleare Detonation in der Nähe der nuklearen Kommandoeinrichtungen melden und die Kommunikationsverbindung zur Führung nicht mehr funktioniert, würde das System, das in den USA auch als »Dead Hand« bezeichnet wird, dies wohl als einen Atomangriff werten. Die Entscheidung zum Gegenschlag würde dann eine Person treffen, die sich zu Beginn der Krise in eine gehärtete Bunkeranlage zurückgezogen hat. Da die sowjetische, später die russische Führung so schweigsam über die Existenz dieses Systems ist, scheint es nicht so sehr der Abschreckung eines Gegners zu dienen, sondern, so wird vielfach vermutet, der Beruhigung des eigenen Militärs: dass nämlich die Vergeltungsfähigkeit gesichert sei.[36]

---

35   Siehe Leonid Ryabikhin, »Russia's NC3 and Early Warning Systems«, Nautilus Asia Peace and Security Network, NAPSNet Special Reports, 11.7.2019, S. 4; <https://nautilus.org/translated-pdfs/nautilus-sicwmexJ.pdf>.

36   Siehe Anthony M. Barrett, *False Alarms, True Dangers? Current and Future Risks of Inadvertent U.S.-Russian Nuclear War*, Santa Monica, CA: RAND, 2016, S. 9 ff.

Die amerikanische Abschreckungspolitik ist auch auf die Möglichkeit eines Ersteinsatzes gegen das gegnerische Nuklearpotenzial ausgerichtet, auf die Möglichkeit sogenannter Präemptivschläge, um einem unmittelbar drohenden Angriff zuvorzukommen. Die Attraktivität eines Ersteinsatzes liegt darin, dass die USA in diesem Fall auf funktionierende Kommando-, Kontroll- und Kommunikationssysteme bauen können. Niemand weiß, ob und unter welchen Bedingungen ein amerikanischer Präsident jemals bereit wäre, den »nuklearen Rubikon« in der einen oder anderen Form zu überschreiten.[37]

Jedenfalls waren sogenannte präemptive *Counterforce*-Optionen, also Einsätze zur Ausschaltung der militärischen, vor allem der nuklearen Fähigkeiten des Gegners, Bestandteil der amerikanischen Abschreckungspolitik während des Ost-West-Konflikts.[38] Schadensbegrenzung durch Ausschaltung des gegnerischen strategischen Nuklearpotenzials spielte im Denken der amerikanischen Entscheidungsträger eine wichtige Rolle. In öffentlichen Verlautbarungen dagegen war Schadensbegrenzung durch Erstschlagsfähigkeit ein »Tabu-Thema«.[39] Präemptive Optionen sind weiterhin Teil der nuklearen Abschreckungspolitik. Das zeigt sich auf deklaratorischer Ebene in der Doktrin für gemeinsame Nuklearoperationen aus dem Jahre 2005. Dort heißt es: »Die Abschreckung eines potenziellen feindlichen Einsatzes von Massenvernichtungswaffen erfordert es, dass die potenzielle feindliche Führung glaubt, die USA haben sowohl die Fähigkeit

---

37 Siehe Blair, »Loose cannons« [wie Fn. 30, S. 21], S. 22ff., »nuclear Rubikon« auf S. 20.
38 Siehe Austin Long, *Deterrence. From Cold War to Long War. Lessons from Six Decades of RAND Research*, Santa Monica, CA: RAND Corporation, 2008, S. 25–43 (Zitat S. 27).
39 Brendan Rittenhouse Green/Austin Long, »The Geopolitical Origins of US Hard-Target-Kill Counterforce Capabilities and MIRVs«, in: Michael Krepon/ Travis Wheeler/ Shane Mason (Hg.), *The Lure and Pitfalls of MIRVs: From the First to the Second Nuclear Age*, Washington, D.C.: Stimson Center, Mai 2016, S. 19–53 (Zitat S. 43).

als auch den Willen, präemptiv oder prompt vergeltend in einer Weise zu reagieren, die glaubwürdig und wirkungsvoll ist.«[40]

Optionen zur Ausschaltung gegnerischer Kernwaffen erstrecken sich über weite Bereiche der Kriegsführung. Dazu gehören zielgenauere Atomwaffen niedriger Stärke, deren Detonation oberhalb der *Fall Out Threshold* nicht in dem Maße radioaktiven Fallout freisetzt, wie es bei einer Explosion auf dem Boden der Fall wäre. Zu diesen Optionen zählen auch *Cyberwarfare*, U-Boot-Bekämpfung, Raketenverteidigung und präzisionsgesteuerte konventionelle Waffen großer Reichweite, alles in Verbindung mit gewachsenen Fähigkeiten zur Informationsverarbeitung und sensorischen Aufklärung. Diese Fähigkeiten sind nicht auf die USA beschränkt oder werden es nicht bleiben. Aber die USA sind führend bei einer Entwicklung, die als *Counterforce Revolution* bezeichnet wurde. Nuklearwaffen werden verwundbarer denn je; technologischer Wandel lässt die »Grundlagen nuklearer Abschreckung erodieren«.[41]

Nicht nur diese Entwicklung, sondern auch die Aufkündigung des Vertrages über die Begrenzung von Raketenabwehrsystemen (ABM-Treaty) durch Präsident George W. Bush im Jahre 2002 und die amerikanischen Pläne zum Aufbau eines Raketenvertei-

---

40 »Deterrence of potential adversary WMD use requires the potential adversary leadership to believe the United States has both the ability and will to preempt or retaliate promptly with responses that are credible and effective.« Joint Chiefs of Staff, *Doctrine for Joint Nuclear Operations, Joint Publication 3–12, Final Coordination* (2), 15.3.2005, S. I–6. <https://www.globalsecurity.org/wmd/library/policy/dod/jp3_12fc2.pdf>.

41 Changes in technology, …, are eroding the foundation of nuclear deterrence. Rooted in the computer revolution, these advances are making nuclear forces around the world far more vulnerable than before.« Keir A. Lieber/Daryl G. Press, »The New Era of Counterforce: Technological Change and the Future of Nuclear Deterrence«, in: *International Security*, 41 (Frühjahr 2017) 4, S. 9–49 (9). Siehe zudem Hans M. Kristensen/ Matthew McKinzie/Theodore A. Postol, »How US Nuclear Force Modernization Is Undermining Strategic Stability: The Burst-height Compensating Super-fuze«, in: *Bulletin of the Atomic Scientists*, 1.3.2017, <https://thebulletin.org/how-us-nuclear-force-modernization-undermining-strategic-stability-burst-height-compensating-super10578>.

digungssystems haben aus russischer Sicht ein Element strategischer Unberechenbarkeit eingeführt: die Unsicherheit darüber, wie weit die USA das Raketenverteidigungssystem letztlich vorantreiben; und die Ungewissheit auch hinsichtlich der technologischen Fähigkeiten, die ein solches System haben wird. Aus russischer Perspektive ergibt sich dadurch das Dilemma, entweder eine potenzielle Unterminierung strategischer Stabilität zu akzeptieren oder sich in eine kostspielige Rüstungskonkurrenz zu begeben, ähnlich jener, die in den 1980er-Jahren nach einer verbreiteten Perzeption zur Erosion der sowjetischen Macht beigetragen hat. Die amerikanischen Pläne mögen begrenzt sein, doch die Begründungen dafür – die Abwehr ballistischer Raketen aus dem Nahen und Mittleren Osten – wirken aus russischer Sicht wenig überzeugend.[42]

Russland ist dabei, sein Nukleararsenal in beträchtlichem Maße zu modernisieren. Offenbar soll damit die Zweitschlagsfähigkeit gegenüber den USA gesichert werden, auch für den Fall, dass die USA ihre Raketenabwehrsysteme ausbauen. Auch dürfte es darum gehen, Defizite bei den konventionellen Waffen auszugleichen. Wie auch die Rüstungsmodernisierung in den USA folgt die russische somit einer strategischen Logik. Die Nuklearrüstung ist zudem sichtbarer Ausdruck des Anspruchs auf einen Weltmachtstatus.[43] Und wie in den USA ist Rüstungskontrolle unter der außenpolitischen Elite umstritten. »Traditionalisten« wollen die bisherige strategische Rüstungskontrolle, wie sie sich im *New Start*-Vertrag niedergeschlagen hat, bewahren und ausbauen; für sie dient Rüstungskontrolle der strategischen Stabilität. »Revisionisten« halten den bisherigen Rüstungs-

---

42   Siehe Keir Giles/Andrew Monaghan, *European Missile Defense and Russia*, Carlisle Barracks, PA: United States Army War College Press, Juli 2014, bes. S. 39, 50f.; siehe auch Dmitri Trenin, »Russian views of US nuclear modernization«, in: *Bulletin of the Atomic Scientists*, 75 (2019) 1, S. 14-18.

43   Siehe Elias Götz, »Strategic imperatives, status aspirations, or domestic interests? Explaining Russia's nuclear weapons policy«, in: *International Politics*, 56 (2019), S. 810-827.

kontrollansatz mit dem Fokus auf numerische Parität nicht für ausreichend; neue technologische Fähigkeiten und auch China müssten einbezogen werden. »Skeptiker«, wie sie vor allem im Verteidigungsministerium zu finden sind, halten Rüstungskontrolle eher für eine Gefährdung der russischen Sicherheit. Die nuklearen Rüstungskontrollverträge seit Ende des Kalten Krieges werden vor allem als einseitige russische Zugeständnisse wahrgenommen. Westliche Rüstungskontrollkonzepte wie das der »strategischen Stabilität« sind dem russischen militärstrategischen Denken eher fremd geblieben.[44]

Die russische Regierung veröffentlichte im Juni 2020 ein Dokument, in dem sie die »grundlegenden Prinzipien« der russischen Nukleardoktrin darlegte.[45] Es handelt sich dabei um eine deklaratorische Strategie, die vor allem eine Signalfunktion gegenüber potenziellen Gegnern hat. Wie jede deklaratorische Doktrin enthält sie ein gewisses Maß an Zweideutigkeiten und lässt einen Interpretationsspielraum zu. So ist in dem Dokument die Rede vom Prinzip der Unvorhersehbarkeit, das den Gegner im Unklaren lässt, in welchem Umfang, zu welcher Zeit und an welchem Ort Nuklearwaffen eingesetzt würden. Nukleare Abschreckung – so das russische Verständnis, das sich in dieser Hinsicht nicht vom westlichen unterscheidet – droht potenziellen Gegnern einen »garantierten inakzeptablen Schaden« an. Nukleare Abschreckung wird als defensives Konzept verstanden, das den Schutz der »nationalen Souveränität und territorialen

---

44   Zur Unterscheidung der Richtungen in der russischen Debatte siehe Moritz Pieper, *Russland und die Krise der nuklearen Rüstungskontrolle: Akteure, Interessen, Perspektiven*, Berlin: Stiftung Wissenschaft und Politik, 2020, S. 17; ferner Alexei Arbatov, Challenges of the New Nuclear Era: The Russian Perspective, in: Linton Brooks/Francis J. Gavin/Alexei Arbatov (Hg.), *Meeting the Challenges of the New Nuclear Age: U.S. and Russian Nuclear Concepts, Past and Present*, Cambridge, MA: American Academy of Arts and Sciences, 2018, S. 21-46.

45   The Ministry of Foreign Affairs of the Federation, *Basic Principles of State Policy of the Russian Federation on Nuclear Deterrence*, Moskau 2. Juni 2020 <https://dfnc.ru/en/russia-news/fundamentals-of-russia-s-nuclear-deterrence-state-policy/>.

Integrität« des russischen Staates garantiert und den Gegner von einer Aggression gegen Russland und seine Verbündeten abhalten soll. Der Einsatz von Atomwaffen gilt als eine »extreme und erzwungene« Maßnahme. Russland behält sich das Recht vor, mit Nuklearwaffen auf einen Einsatz derartiger Waffen oder anderer Massenvernichtungswaffen zu reagieren und auf eine Aggression mit konventionellen Mitteln, wenn diese die Existenz des Staates gefährdet. Im Einzelnen sind als Bedingungen genannt, unter denen Russland Nuklearwaffen einsetzen könnte: wenn verlässlich feststeht, dass ein Gegner ballistische Raketen gegen das Territorium Russlands und/oder seiner Verbündeten gestartet hat; wenn Atomwaffen oder Massenvernichtungswaffen durch den Gegner eingesetzt wurden oder der Gegner Einrichtungen angreift, deren Störung die russische Fähigkeit zu nuklearen Reaktionen gefährden würde.

Dieses Dokument hat die westliche Debatte darüber nicht beendet, ob Russland auf eine Strategie des begrenzten Nuklearkrieges setzt – im Sinne des *Escalate-to-de-escalate*.[46] Vertreter dieser Interpretation sehen sich durch einen Passus in dem Dokument bestätigt, in dem die Rede ist von der Verhinderung einer militärischen Eskalation und der Konfliktbeendigung zu akzeptablen Bedingungen. Für den russischen Experten Dmitri Trenin ist eine Deutung in diesem Sinne nicht zwingend, zumal, wie er argumentiert, die Idee eines begrenzten Nuklearkrieges dem russischen strategischen Denken immer fremdgeblieben sei.[47]

---

46   Zu dieser Debatte siehe Olga Oliker, *Russia's Nuclear Doctrine: What We Know, What We Don't, and What That Means*, Washington, D.C.: Center for Strategic and International Studies, Mai 2016; gegen die These einer niedrigeren nukleare Schwelle auf russischer Seite argumentiert Kristin Ven Bruusgaard, »Russian nuclear strategy and conventional inferiority«, in: *Journal of Strategic Studies*, 44 (2021) 1, S. 3-35; als Überblick Anya Loukianova Fink/Olga Oliker, »Russia's Nuclear Weapons in a Multipolar World: Guarantors of Sovereignty, Great Power Status and More«, in: *Daedalus*, 149 (2020) 2, S. 37–55.

47   Dmitri Trenin, »Decoding Russia's Official Nuclear Deterrence Paper«,

Wenn eine neuere Analyse auf amerikanischer Seite zutrifft, dann ist die Interpretation, Russland verfüge über eine *Escalate-to-de-escalate*- oder *Escalate-to-win-Strategie* etwas vereinfachend. Russland setzt demnach auf ein Eskalationsmanagement, um den Gegner in verschiedenen Phasen eines Krieges zu entmutigen, von weiterem Vorgehen abzubringen oder eine Deeskalation zu erreichen. Dabei geht es um Abschreckung in einem Krieg. Nuklearwaffen werden als Instrument hierfür gesehen; nicht zuletzt wegen ihrer »psychologischen« Wirkung; sie sollen Defizite in anderen Bereichen ausgleichen. Das russische Militär scheint anzunehmen, nicht jeder Einsatz von Nuklearwaffen müsse zu einer unkontrollierbaren Eskalation führen, sondern eine Eskalationskontrolle sei möglich, wie immer sie aussehen könnte.[48]

Mit dem Risiko einer direkten militärischen Konfrontation zwischen USA und Russland ist zu rechnen. Der russische Angriffskrieg gegen die Ukraine hat dies nachdrücklich vor Augen geführt. In einer sich zuspitzenden amerikanischen-russischen Krise könnten Anreize zur präemptiven Eskalation mit »nicht kinetischen« Systemen (Cyberwaffen) und Angriffen gegen Satelliten bestehen. Dies könnte Befürchtungen auslösen, dass eine Seite nuklear eskalieren wolle. Insofern ist das Problem der Krisenstabilität zwischen den USA und Russland nicht nur ein theoretisches. Sorgen wegen der Zweitschlagsfähigkeit sind zwar auf russischer Seite ausgeprägter; doch auch amerikanische Experten äußern mittlerweile Besorgnisse. Dabei geht es nicht um die Gefährdung der nuklearen Waffensysteme selbst, sondern um die Verwundbarkeit der nuklearen Kommando-, Kontroll- und Kommunikationssysteme sowie der Aufklärungs- und Überwachungsfähigkeiten gegenüber zielgenauen russischen Angriffen,

---

Carnegie Moscow Center, 5.6.2020.
48 Michael Kofman/Anya Loukianova Fink, »Escalation Management and Nuclear Employment in Russian Military Strategy«, *War on the Rocks*, 23.6.2020.

sei es durch Cyberwaffen, sei es durch kinetische Systeme wie U-Boot-gestützte Marschflugkörper.[49] Die »Achillesferse« der amerikanischen Zweitschlagsfähigkeit dürften die Kommando-, Kontroll- und Kommunikationssysteme sein.[50]

1.2 Nukleare Abschreckung in den amerikanisch-chinesischen Beziehungen

Das amerikanisch-chinesische Konfliktsyndrom, das mittlerweile die internationalen Beziehungen zu strukturieren beginnt, setzt sich aus mehreren Elementen zusammen.[51] Seine Grundlage bildet eine regionale, aber auch zunehmend globale Statuskonkurrenz. In den USA hat Chinas erwarteter und tatsächlicher Machtzuwachs Ängste vor einem Statusverlust hervorgerufen. China wird als langfristige Bedrohung für die internationale Führungsposition der USA wahrgenommen, also auch für die damit verbundenen sicherheitspolitischen und wirtschaftlichen Privilegien und Vorteile. Diese Konkurrenz um Einfluss mischt sich mit einem ideologischen Antagonismus, der auf amerikanischer Seite inzwischen stärker in den Mittelpunkt gerückt ist. Schon diese Mischung aus Statuskonkurrenz und ideologischer Differenz gibt dem Konfliktsyndrom seinen besonderen Charakter. Da sich die USA und China seit der Taiwan-Krise 1996

---

49 Siehe James N. Miller/Richard Fontaine, *A New Era in U.S.-Russian Strategic Stability: How Changing Geopolitics and Emerging Technologies are Reshaping Pathways to Crisis and Conflict*, Cambridge, MA/Washington, D.C.: Harvard Kennedy School, Belfer Center for Science and International Affairs/Center for a New American Security, September 2017; Bruce Blair, »Could U.S.–Russia Tensions Go Nuclear?«, in: *Politico*, 27.11.2015; zu den Risiken für die strategische Stabilität durch Cyberkriegführung siehe auch Andrew Futter, »War Games Redux? Cyberthreats, US-Russian Strategic Stability, and New Challenges for Nuclear Security and Arms Control«, in: *European Security*, 25 (2016) 2, S. 163–180.

50 Siehe Blair, »Loose cannons« [wie Fn. 30, S. 21], S. 15 f.

51 Ausführlich hierzu siehe Rudolf, *Der amerikanisch-chinesische Weltkonflikt*, Berlin: Stiftung Wissenschaft und Politik, Oktober 2019.

(wieder) als potenzielle militärische Gegner sehen und die Planungen danach ausrichten, wird die Beziehungsstruktur von der Sicherheitsproblematik geprägt. Insofern als China und USA potenzielle militärische Kontrahenten und nicht nur Statuskonkurrenten und Systemantagonisten sind, lässt sich das Verhältnis der beiden als komplexe strategische Rivalität verstehen.[52] Diese ist besonders an der maritimen Peripherie Chinas ausgeprägt, dominiert von militärischen Bedrohungsvorstellungen und der amerikanischen Auffassung, China wolle in Ostasien eine exklusive Einflusssphäre etablieren. Im Südchinesischen Meer kollidiert der amerikanische Anspruch auf freien Zugang zu den Weltmeeren mit dem chinesischen Bestreben, eine Sicherheitszone zu errichten und die amerikanische Interventionsfähigkeit zu konterkarieren.

Insbesondere der ungelöste Souveränitätskonflikt um Taiwan birgt die Möglichkeit eines Krieges.[53] Die chinesische Führung behält sich ausdrücklich den Einsatz militärischer Gewalt vor, um die völlige Unabhängigkeit Taiwans zu verhindern.[54] Als Folge der 1978 vereinbarten Normalisierung des Verhältnisses zur Volksrepublik China hatten die USA zwar die offiziellen diplomatischen Beziehungen mit Taiwan beendet und den Verteidi-

---

52 Siehe grundsätzlich zu diesen Unterscheidungen Manjeet S. Pardesi, *Image Theory and the Initiation of Strategic Rivalries*, Oxford: Oxford Research Encyclopedia of Politics, März 2017.

53 Siehe Scott L. Kastner, »Is the Taiwan Strait Still a Flash Point? Rethinking the Prospects for Armed Conflict between China and Taiwan«, in: *International Security*, 40 (Winter 2015/16) 3, S. 54–92.

54 Siehe Chris Buckley/Chris Horton, »Xi Jinping Warns Taiwan that Unification Is the Goal and Force Is an Option«, in: *The New York Times*, 1.1.2019. In dem Bericht zur nationalen Verteidigung, der im Juli 2019 veröffentlicht wurde, heißt es mit Blick auf Taiwan: »China has the firm resolve and the ability to safeguard national sovereignty and territorial integrity, and will never allow the secession of any part of its territory by anyone, any organization or any political party by any means at any time. We make no promise to renounce the use of force, and reserve the option of taking all necessary measures.« *China's National Defense in the New Era*, Peking: The State Council Information Office of the People's Republic of China, Juli 2019, S. 7f.

gungsvertrag aufgekündigt. Doch laut dem *Taiwan Relations Act* von 1979 ist es Politik der USA, jeden Versuch, die Zukunft Taiwans anders als mit friedlichen Mitteln zu entscheiden, als Bedrohung des Friedens und der Sicherheit im westlichen Pazifik anzusehen. Die USA, das ist der Kern der Politik »strategischer Ambiguität«, stellen amerikanische Antworten bei einer Bedrohung Taiwans in Aussicht, haben sich aber nicht formell auf eine Reaktion verpflichtet. Für China ist es ein defensives Ziel, die dauerhafte Unabhängigkeit Taiwans von Festlandchina zu verhindern. China will Taiwan mit militärischen Mitteln abschrecken, den Status quo zu verändern und seine Unabhängigkeit zu erklären. Das kann jedoch auch als offensiv wahrgenommen werden, nämlich als Aufbau eines militärischen Drohpotenzials, mit dem China die Wiedervereinigung erzwingen könnte. Als defensiv sehen die USA ihre Sicherheitszusage an Taiwan und die Lieferung von Waffensystemen an, die eine Invasion durch die Volksrepublik China verhindern sollen. Peking könnte die defensive Rüstung Taiwans und die Bewahrung der amerikanischen Interventionsfähigkeit in einer Krise jedoch als Schutzschirm interpretieren, der es Taiwan ermöglicht, seine Unabhängigkeit zu erklären.[55]

Aus chinesischer Sicht dient der Ausbau der eigenen Fähigkeiten zur Zugangs- und Raumverweigerung (*anti-access/area denial*) im Süd- und im Ostchinesischen Meer dazu, seine »Kerninteressen« in der Region zu sichern. An erster Stelle steht dabei das Bestreben, Taiwan daran zu hindern, sich für unabhängig zu erklären. Was im chinesischen Selbstverständnis politisch defensiv motiviert ist, wird aus amerikanischer Sicht als Aufbau von Offensivfähigkeiten wahrgenommen, die den USA die Möglich-

---

55   Siehe Thomas J. Christensen, »The Contemporary Security Dilemma: Deterring a Taiwan Conflict«, in: *The Washington Quarterly*, 25 (2002) 4, S. 5–21.

keiten zur Machtprojektion in die Region vielleicht nicht nehmen, aber doch erschweren und mit hohen Risiken belasten.[56]

Der geopolitische Konflikt über das Südchinesische Meer ist zudem mit einer nuklearen Dimension verwoben.[57] China scheint dieses Meer als Stationierungsraum für seine nuklear bewaffneten U-Boote sichern zu wollen, mit denen das Land die Zweitschlagsfähigkeit gegenüber den USA sicherstellen will. Vier dieser U-Boote sind nach amerikanischen Angaben bereits im Dienst, weitere offenbar in Planung.[58] Noch verfügt China über keine seegestützten strategischen Raketen, die vom Südchinesischen Meer aus neben Alaska und Guam auch die kontinentalen USA erreichen können. Sie scheinen für die nächste Generation strategischer U-Boote geplant zu sein.[59] Wegen der begrenzten Reichweite seiner gegenwärtig im Dienst stehenden seegestützten Nuklearraketen wäre China in einer ernsthaften internationalen Krise vermutlich bestrebt, seine Unterwasserschiffe durch die Engstellen der »ersten Inselkette« (die von den Kurilen über die japanischen Inseln und Taiwan bis Borneo reicht) in die tieferen und damit sichereren Pazifikgewässer zu verlagern. Schon die Sicherung des Südchinesischen Meeres gegen die amerikanischen Kräfte zur strategischen U-Boot-Bekämpfung ist enorm herausfordernd – der Ausbau künstlicher Inseln ist auch in diesem Zusammenhang zu sehen.[60]

---

56 Siehe James Johnson, *The US-China Military and Defense Relationship during the Obama Presidency*, Basingstoke: Palgrave Macmillan, 2018, S. 97f.

57 Siehe Andrew Scobell, »The South China Sea and U.S.-China Rivalry«, in: *Political Science Quarterly*, 133 (2018) 2, S. 199–224.

58 Siehe Michael Paul, *Chinas nukleare Abschreckung. Ursachen, Mittel und Folgen der Stationierung chinesischer Nuklearwaffen auf Unterseebooten*, Berlin: Stiftung Wissenschaft und Politik, September 2018; Tong Zhao, *Tides of Change. China's Nuclear Ballistic Missile Submarines and Strategic Stability*, Washington, D.C.: Carnegie Endowment for International Peace, 2018.

59 Ein neues Raketenmodell mit einer Reichweite von geschätzt 9000 km befindet sich in der Testphase. Siehe Hans M. Kristensen/Matt Korda, »Chinese Nuclear Forces, 2019«, in: *Bulletin of the Atomic Scientists*, 75 (2019) 4, S. 171–178 (175f.).

60 Siehe *The Impact of Chinese Supporting Capabilities*, Peking: Carnegie-Tsinghua Center for Global Policy, 24.10.2018.

In dieser Region birgt eine sich zuspitzende Krise zwischen den USA und China beträchtliche militärische Instabilitätsrisiken. Washington nimmt an, China werde in einer Krise offensive präemptive Optionen verfolgen. Jedenfalls sind nach Einschätzung der USA die Anreize zu einem solchen Vorgehen gegen ihre Streitkräfte in der Region groß, etwa in Form massiver Raketensalven. Umgekehrt bestehen für die USA Anreize, zügig Raketensysteme auf dem chinesischen Festland, die amerikanische Überwasserschiffe gefährden würden, auszuschalten. Ein solcher Angriff könnte unbeabsichtigt auch chinesische Atomraketen oder ihre Kommando- und Kontrolleinrichtungen neutralisieren, da konventionelle und nukleare Kräfte auf chinesischer Seite zu einem gewissen Grad räumlich vermischt sind. Es ist daher nicht auszuschließen, dass China in einer ernsthaften Konfrontation versucht sein könnte, Nuklearwaffen kürzerer Reichweite einzusetzen, bevor sie außer Gefecht gesetzt werden: sei es, um den USA die Risiken einer Eskalation vor Augen zu führen, sei es, um eine befürchtete Unterlegenheit bei den konventionellen Kräften auszugleichen, sei es in einem Konflikt um Taiwan, in dem Emotionalität schwerer wiegen könnte als Rationalität.[61]

Etliche der nuklearen Rüstungsprojekte Chinas dienen dazu, die Fähigkeit sicherzustellen, einen Zweitschlag gegen die USA auszuführen. Im Rahmen der Logik atomarer Abschreckung wären sie daher eigentlich als stabilisierend anzusehen.[62] Doch die

---

61 Siehe James M. Acton, »Escalation through Entanglement: How the Vulnerability of Command-and-control Systems Raises the Risks of an Inadvertent Nuclear War«, in: *International Security*, 43 (2018) 1, S. 56–99; Caitlin Talmadge, »Would China Go Nuclear? Assessing the Risk of Chinese Nuclear Escalation in a Conventional War with the United States«, in: *International Security*, 41 (2017) 4, S. 50–92; David C. Logan, »Are the reading Schelling in Beijing? The dimensions, drivers and risks of nuclear-conventional entanglement in China«, in: *Journal of Strategic Studies* (online), 12.11.2020.

62 »[...], many of the nuclear modernization programs in Russia and China are clearly attempts to maintain a secure second-strike capability given the fact the U.S. conventional strike capabilities and missile defenses possess significant

Unterscheidung zwischen »legitimer« – weil die wechselseitige Abschreckungsfähigkeit sichernder – und illegitimer – weil die strategische Stabilität gefährdender – Modernisierung trifft Washington nicht.[63]

Gegenüber China haben die USA in ihrer deklaratorischen Nuklearstrategie wechselseitige nukleare Verwundbarkeit als Grundlage der strategischen Beziehung nicht akzeptiert. So fehlt in der 2013 veröffentlichten *Nuclear Employment Guidance* mit Blick auf China eine analoge Aussage, wie sie mit Bezug auf Russland zu finden ist: Die USA würden im Interesse strategischer Stabilität nicht die Absicht hegen, die russische nukleare Abschreckung zu »negieren«, was wohl heißt, Russland nicht die Zweitschlagsfähigkeit zu nehmen.[64] Von Clinton bis Obama haben die US-Administrationen zwar erklärt, der Aufbau von Raketenverteidigungssystemen richte sich nicht gegen das chinesische strategische Nuklearpotenzial. Aber der Ausbau von Systemen zur Verteidigung gegen nordkoreanische Raketen, namentlich der *Ground-Based Interceptors*, könnte auf chinesischer Seite zu wachsender Besorgnis über die eigene Vergeltungsfähigkeit führen. Das wird in der amerikanischen Debatte durchaus reflektiert.[65] Doch öffentlich die wechselseitige Verwundbarkeit

---

capability to limit damage from adversary's nuclear forces, especially in limited conflicts.« Adam Mount, *The Case against New Nuclear Weapons*, Washington, D.C.: Center for American Progress, Mai 2017, S. 31.

63   Ebd., S. 41.

64   Ebd., S. 41. Wörtlich heißt es in dem Bericht: »The United States seeks to maintain strategic stability with Russia. Consistent with the objective of maintaining an effective deterrent posture, the United States seeks to improve strategic stability by demonstrating that it is not our intent to negate Russia's strategic nuclear deterrent, or to destabilize the strategic military relationship with Russia.« Mit Blick auf China wird lediglich angemerkt: »The United States remains committed to maintaining strategic stability in U.S.–China relations and supports initiation of a dialogue on nuclear arms aimed at fostering a more stable, resilient, and transparent security relationship with China.« Department of Defense, *Report on Nuclear Employment Strategy of the United States Specified in Section 491 of 10 U.S.C.*, Juni 2013, S. 3.

65   Siehe Robert Einhorn/Steven Pifer, Study Coordinators, *Meeting U.S. De-*

als Basis der Beziehungen anzuerkennen, galt und gilt als problematisch. Denn dies könnte unter Umständen als Ausdruck mangelnder amerikanischer Entschlossenheit verstanden werden, die eigenen Verbündeten und Interessen in Asien zu verteidigen, zumal Peking auch durch eine solche Botschaft wohl nicht davon zu überzeugen wäre, dass die USA keine Absicht hegen, das chinesische Nuklearpotenzial im Ernstfall auszuschalten.[66] So schenkt man in der chinesischen Diskussion auch der amerikanischen Versicherung keinen Glauben, der Aufbau von Raketenverteidigungssystemen richte sich nicht gegen das chinesische strategische Nuklearpotenzial.[67]

Bislang erteilt China dem Ersteinsatz von Atomwaffen in seiner deklaratorischen Nukleardoktrin eine Absage. Traditionell setzt Peking auf eine »schlanke und effektive« Abschreckungsfähigkeit, auf eine Minimalabschreckung gesicherter Vergeltungsfähigkeit.[68] Noch ist das chinesische Nukleararsenal zahlenmäßig im Vergleich zu denen der USA und Russlands sehr begrenzt. Offizielle Angaben gibt es nicht; nach Schätzungen verfügt China über rund 290 Atomsprengköpfe.[69] Ein Ausbau dieses Potenzials ist jedoch im Gange. In einem Bericht des Pentagon vom November 2021 über die militärische Entwicklung in China heißt es, bis 2027 könne Peking 700 einsatzfähige Nukleargefechtsköpfe

---

terrence Requirements: Toward a Sustainable National Consensus. A Working Group Report, Washington, D.C.: The Brookings Institution, September 2017, S. 24.

66   Siehe Brad Roberts, The Case for U.S. Nuclear Weapons in the 21st Century, Stanford: Stanford University Press, 2016 (Security Studies), S. 173.

67   Zur chinesischen Bedrohungsperzeption siehe Susan Turner Haynes, »China's Nuclear Threat Perceptions«, in: Strategic Studies Quarterly, 10 (2016) 2, S. 25–62.

68   Siehe im Folgenden detailliert Eric Heginbotham u.a., China's Evolving Nuclear Deterrent: Major Drivers and Issues for the United States, Santa Monica, CA: RAND, 2017; David C. Logan, »Hard Constraints on a Chinese Nuclear Breakout«, in: The Nonproliferation Review, 24 (2017) 1–2, S. 13–30; zur Kontinuität der chinesischen Nuklearstrategie gesicherter Vergeltung siehe M. Taylor Fravel, Active Defense. China's Military Strategy since 1949, Princeton/Oxford: Princeton University Press, 2019, S. 236–269.

69   Siehe Kristensen/Korda, »Chinese Nuclear Forces, 2019 [wie Fn. 59, S. 33].

besitzen, bis 2030 sogar 1.000. Laut dem Bericht sei möglicherweise eine nukleare Triade Chinas (gemeint sind land-, luft- und seegestützte Waffen) »im Entstehen begriffen«. Zudem gebe es Indizien dafür, dass China die Einsatzfähigkeit seiner Nuklearwaffen durch die Hinwendung zu einem *Launch-on-Warning Posture* erhöhe.[70] Traditionell hält China seine Atomwaffen – anders als die USA und Russland – nicht in ständiger Gefechtsbereitschaft, sondern lagert Raketen und Gefechtsköpfe getrennt.

Peking befürchtet, die von Washington betriebene Entwicklung von Kapazitäten zu Aufklärung, Überwachung und zum *Conventional Prompt Global Strike* sowie der Aufbau von Raketenverteidigungssystemen könne die chinesische Zweitschlagsfähigkeit gefährden – sofern sie denn gegenüber den USA überhaupt existiert. Nach manchen Einschätzungen ist dies fraglich.[71] Zudem argwöhnt Peking, in einer militärischen Auseinandersetzung um Taiwan könnten die USA Kernwaffen geringerer Sprengkraft gegen chinesische Kriegsschiffe einsetzen, die sich auf dem Weg nach Taiwan befinden.[72]

Wechselseitige Verwundbarkeit scheint auf chinesischer Seite mit der Erwartung verbunden zu sein, dass die USA zur friedlichen Koexistenz mit China und seinem politischen System bereit wären. Die ideologische Konfrontation spielt in der chinesischen Bedrohungswahrnehmung offenbar eine starke Rolle und, damit verbunden, die Befürchtung, die USA könnten risikobereiter werden und im Falle eines Konflikts mit Taiwan Nuklearwaffen geringerer Sprengkraft einsetzen. Wohin genau China in der

---

70 Office of the Secretary of Defense, *Military and Security Developments Involving the People's Republic of China 2021*, Annual Report to Congress, S. VIII (»nascent«), <https://media.defense.gov/2021/Nov/03/2002885874/-1/-1/0/2021-CMPR-FINAL.PDF>.

71 Siehe WU Riqiang, Living with Uncertainty: Modeling China's Nuclear Survivability, in: *International Security*, 44 (Frühjahr 2020) 4, S. 84-118.

72 Siehe Fiona S. Cunningham/M. Taylor Fravel, »China's nuclear arsenal is growing. What does that mean for U.S.-China relations?«, in: *The Washington Post*, 11.11.2021.

Nuklearwaffenpolitik steuert, wird in den USA aufmerksam verfolgt: Geht es allein um die Sicherung der Zweitschlagfähigkeit? Geht es darum, die USA vor einem begrenzten Einsatz von Nuklearwaffen in einem Konflikt um Taiwan abzuschrecken? Oder geht es in Richtung der Fähigkeit zur nuklearen Eskalation in einem konventionell geführten Krieg?[73] Will China numerische Parität erreichen oder gar die numerische Überlegenheit?[74]

Auf amerikanischer Seite nährt die Aussicht auf ein größeres chinesisches Nuklearwaffenarsenal die Befürchtung, im Falle eines nuklearen Patts, also einer gesicherten Zweitschlagsfähigkeit, könne sich China in Krisen risikobereiter verhalten. In der nuklearstrategischen Debatte wird dies als »Stabilitäts-Instabilitäts-Paradox« bezeichnet.[75] Gemeint ist damit Folgendes: Stabilität auf strategischer Ebene kann eine Seite womöglich dazu verleiten, begrenzte Gewalt in der Erwartung einzusetzen, die andere werde vor einem massiven Vergeltungsschlag zurückschrecken, da dies zu beidseitiger Zerstörung führen würde. Eine gesicherte chinesische Zweitschlagsfähigkeit droht nach dieser Auffassung, unter den US-Verbündeten Zweifel an der »erweiterten Abschreckung« hervorzurufen. Beunruhigt ist die amerikanische Seite vor allem durch das folgende Szenario eines Angriffs der Volksrepublik China auf Taiwan: Peking hat die Fähigkeit erworben, in einem schnellen, konventionell geführten Krieg vollendete Tatsachen zu schaffen, und setzt darauf, die USA aufgrund wechselseitiger Verwundbarkeit von einem möglichen Ersteinsatz nuklearer Waffen abzuschrecken.[76] Die USA

---

73 Siehe Ton Zhao, »Digging Deep Into China's Motivations and Intentions«, in: *Arms Control Today*, Dezember 2021.
74 Siehe Brian Radzinsky, »Chinese Views of the Changing Nuclear Balance«, in: *War on the Rocks*, 22.10.2021.
75 Zu diesem Paradoxon siehe etwa Bryan R. Early/Victor Asal, »Nuclear Weapons, Existential Threats, and the Stability-Instability Paradox«, in: *The Nonproliferation Review*, 25 (2018) 3, S. 223–247.
76 Siehe Abraham Denmark/Caitlin Talmagde, »Why China Wants More and Better Nukes: How Beijing's Nuclear Buildup Threatens Stability«, in: *Foreign*

sehen sich, was die nukleare Abschreckung angeht, einer neuen Situation gegenüber. Zum ersten Mal in ihrer Geschichte, so Charles Richard, der Leiter des *United States Strategic Command*, müssen sie mit zwei nuklearen *Strategic Peer Adversaries* zur gleichen Zeit rechnen. Nicht mehr länger könne man annehmen, das Risiko eines Versagens strategischer Abschreckung werde immer niedrig bleiben.[77]

Die USA stehen vor der Frage, ob sie im Verhältnis zu China die eigene nukleare Verwundbarkeit hinnehmen, die sich aus der Stationierung mobiler Interkontinental- oder seegestützter ballistischer Atomraketen ergeben mag, oder ob sie eine Strategie der Schadensbegrenzung verfolgen, sprich: die Fähigkeit zur präemptiven Ausschaltung des chinesischen Nukleararsenals sicherstellen wollen. Folgen die USA der bisherigen Linie nuklearer Abschreckungspolitik – nämlich der Sicherstellung präemptiver schadensbegrenzender *Counterforce*-Optionen als Voraussetzung glaubwürdiger erweiterter Abschreckung –, dann dürfte eine intensivierte Rüstungskonkurrenz die Folge sein.[78] Dies bliebe vermutlich nicht ohne Auswirkungen auf die Beziehungen zwischen beiden Staaten und könnte Risiken für die Krisenstabilität nach sich ziehen, sollte China die Einsatzbereitschaft seiner Atomwaffen nach amerikanischem und russischem Vorbild erhöhen und die Fähigkeit aufbauen, im Falle eines gegnerischen Erstschlags die eigenen Raketen zu starten, sobald Frühwarnsysteme einen solchen Angriff melden.[79] Mit ri-

---

Affairs, 19.11.2021.

77   Statement of Charles A. Richard, Commander United States Strategic Command before the Senate Armed Services Committee, 20. April 2021, S. 5 (im Original fettgedruckt), <https://www.armed-services.senate.gov/imo/media/doc/Richard04.20.2021.pdf>.

78   Siehe Austin Long, »U.S. Strategic Nuclear Targeting Policy: Necessity and Damage Limitation«, in: The International Security Studies Forum, *Policy Roundtable 1–4 on U.S. Nuclear Policy*, 22.12.2016, <https://networks.h-net.org/node/28443/ discussions/157862/issf-policy-roundtable-9-4-us-nuclear-policy#_Toc470037165>.

79   Zur Problematik siehe Charles L. Glaser/Steve Fetter, »Should the United

sikoträchtigen Fehlalarmen ist zu rechnen; das hat sich auf amerikanischer und sowjetischer beziehungsweise russischer Seite verschiedentlich gezeigt.

In Präsident Bidens Umfeld blickt man mit Sorge auf eine mögliche künftige Rüstungskonkurrenz zwischen China und den USA im Bereich von Überschall-, Cyber- und Weltraumwaffen. Mittlerweile haben Washington und Peking informelle Gespräche über nukleare Stabilität vereinbart. Zunächst soll es darum gehen, unbeabsichtigte militärische Konflikte zu vermeiden, zumal es keine festen Kommunikationskanäle zwischen dem amerikanischen und dem chinesischen Militär gibt. Danach soll über die Nuklearstrategien beider Länder ebenso geredet werden wie über Instabilitätsrisiken, die aus Cyber- und Anti-Satelliten-Angriffen entstehen können. Schließlich könnten irgendwann in der Zukunft Rüstungskontrollgespräche auf die Tagesordnung kommen.[80] Anlass zu Optimismus gibt es in der Tat wenig. In der strategischen Debatte in China wird Rüstungskontrolle als Versuch der USA gesehen, die eigene Überlegenheit festzuschreiben.[81] Hinzu kommt: Für Peking gelten die USA – was Verträge angeht – nicht als verlässlicher Partner.[82] Nicht ohne Grund: Schließlich haben sie sich im Laufe der letzten beiden Jahrzehnte aus einer Reihe von Verträgen zurückgezogen.

States Reject MAD? Damage Limitation and U.S. Nuclear Strategy toward China«, in: *International Security*, 41 (Sommer 2016) 1, S. 49–98; Fiona S. Cunningham/M. Taylor Fravel, »Assuring Assured Retaliation; China's Nuclear Posture and U.S.-China Strategic Stability«, in: *International Security*, 40 (Herbst 2015) 2, S. 7–50; Gregory Kulacki, *China's Military Calls for Putting Its Nuclear Forces on Alert*, Cambridge, MA: Union of Concerned Scientists, Januar 2016.

80   David E. Sanger/William J. Broad, »Biden Explores Talks as China Builds Arsenal«, in: *The New York Times*, 29.11.2021.

81   Siehe Henrik Stålhane Hiim/Magnus Langset Trøan, »China's Atomic Pessimism and the Future of Arms Control«, in: *War on the Rocks*, 21.6.2021.

82   Siehe Fiona C. Cunningham, »Cooperation under Asymmetry? The Future of US-China Nuclear Relations«, in: *The Washington Quarterly*, 44 (2021) 2, S. 159-180 (162).

1.3 Strategische Stabilität: Gefährdet wie nie?

In der Ära neuer Großmachtkonflikte erlebt die nukleare Abschreckung eine Renaissance. Die aus der »wechselseitigen Verwundbarkeit« resultierende »nukleare Revolution«[83] – ein Begriff, der vor Jahrzehnten geprägt wurde – hat die Macht- und Sicherheitskonkurrenz zwischen Kernwaffenstaaten nicht obsolet werden lassen.[84] Das Sicherheitsdilemma prägt die Konfliktdynamik zwischen USA-Russland und USA-China. Gemeint ist damit Folgendes: In einem »anarchischen« internationalen System, das bedeutet einem System ohne übergeordnete Autorität, müssen Staaten im schlimmsten Fall damit rechnen, angegriffen, beherrscht oder gar ausgelöscht zu werden. Staaten unternehmen daher Maßnahmen zur Stärkung der eigenen Sicherheit, sei es über Rüstung, sei es über territoriale Expansion oder über Bündnisse. Dies kann jedoch die Sicherheit anderer Staaten verringern. Die Folge sind Macht- und Rüstungskonkurrenzen.[85] Genau genommen lassen sich zwei miteinander verbundene Dilemmata unterscheiden.[86] Zum einen gibt es das grundlegende »Dilemma der Interpretation«: Es entsteht, wenn politische Absichten und militärische Fähigkeiten anderer Staaten eingeschätzt werden. Geht es diesen im defensiven Sinne um die eigene Sicherheit oder hegen sie offensive Absichten? Zum anderen

---

83   Dazu Robert Jervis, *The Meaning of the Nuclear Revolution: Statecraft and the Prospect of Armageddon*, Ithaca/London: Cornell University Press, 1989.

84   Siehe Lieber/Press, »The New Era of Counterforce« [wie Fn. 41, S. 25].

85   Der Begriff des Sicherheitsdilemmas stammt ursprünglich von John H. Herz, dem Vordenker des »realistischen Liberalismus«, und wurde später von Robert Jervis ausgearbeitet. John H. Herz, »Idealist Internationalism and the Security Dilemma«, in: *World Politics*, 2 (1950) 2, S. 157–180; Robert Jervis, »Cooperation under the Security Dilemma«, in: *World Politics*, 30 (1978) 2, S. 167–214; ferner Shiping Tang, »The Security Dilemma: A Conceptual Analysis«, in: *Security Studies*, 18 (2009) 3, S. 587–623.

86   Die folgenden Unterscheidungen und die Begrifflichkeit (»dilemma of interpretation«, »dilemma of reaction«, »security paradox«, »security dilemma sensibility«) sind zu finden bei Ken Booth/Nicholas J. Wheeler, *The Security Dilemma: Fear, Cooperation and Trust in World Politics*, Houndsmills 2008, S. 4–7.

eröffnet sich das »Dilemma der Reaktion«: Wenn Politiker und Militärplaner das Verhalten eines anderen Staates in bestimmter Weise interpretiert haben, stehen sie vor der Entscheidung, die eigene Verteidigung zum Zweck der Abschreckung zu stärken oder beschwichtigende Signale auszusenden. Baut ein Staat seine militärischen Fähigkeiten aus, weil er fälschlicherweise aggressive Absichten der Gegenseite zugrunde legt, so löst dies möglicherweise eine Spirale sich verfestigender Feindschaft aus. Hier zeigt sich das »Sicherheitsparadox«: Was der Stärkung der eigenen Sicherheit dient, kann am Ende zu mehr Unsicherheit führen. Falls ein Staat die Absichten und Fähigkeiten der anderen Seite fälschlicherweise als nichtaggressiv einschätzt, setzt er sich unter Umständen Gefahren aus. In der »klassischen« Form bezieht sich das Konzept des Sicherheitsdilemmas auf eine Situation, in der offensive Militärdoktrinen und Militärpotenziale eine Gefahr für die territoriale Integrität darstellen, sei es in Form einer Invasion, sei es in Gestalt eines nuklearen Erstschlages.

Das Sicherheitsdilemma bleibt bestehen, weil damit zu rechnen ist, dass die nukleare Abschreckungsfähigkeit aufgrund technologischer Entwicklungen irgendwann gefährdet sein könnte: das heißt, die Überlebensfähigkeit der eigenen Nuklearwaffen ist nicht mehr gesichert. Entwicklungen bei strategischen nicht nuklearen Waffen, bei der Raketenverteidigung, den Antisatellitenwaffen, der U-Bootbekämpfung, zielgenauen konventionellen Waffen und im Cyberbereich nähren die Befürchtung, die eigenen Nuklearwaffen könnten ausgeschaltet werden, ohne dass der Gegner Nuklearwaffen einsetzen muss.[87] Wenn, wie Experten konstatieren, die Fähigkeiten wachsen, Nuklearwaffen mit nicht nuklearen Mitteln auszuschalten, hat das Konsequenzen für die nukleare Abrüstung. Denn kleinere Nukleararsenale sind tendenziell verwundbarer als größere – und damit könnte

87 Im Detail siehe Benjamin Zala, »How the next nuclear arms race will be different from the last one«, in: *Bulletin of the Atomic Scientists*, 75 (2019) 1, S. 36-43.

aus Sicht eines potenziellen Angreifers das Risiko sinken, einer verheerenden Gegenreaktion ausgesetzt zu sein.[88] Sollte es irgendwann einer Seite möglich sein, gegnerische Nuklearwaffen ohne den Einsatz eigener Nuklearwaffen zu neutralisieren und – falls dies nicht zur Gänze möglich ist – überlebende gegnerische Nuklearwaffen mit Verteidigungssystemen abzufangen, könnte dies in einer schweren Krise Anreize schaffen, präemptiv zu handeln. Noch ist die technologische Entwicklung aber wohl nicht so weit.[89]

Mit Rüstungskontrolle sowie Vertrauen und Transparenz schaffenden Maßnahmen lassen sich dem Sicherheitsdilemma die Schärfe nehmen und Eskalationsrisiken verringern. In den amerikanisch-chinesischen Beziehungen müssen solche stabilisierenden Maßnahmen überhaupt erst in Angriff genommen, und in den Beziehungen zwischen den USA/der NATO und Russland müssten sie wiederbelebt werden.[90] Doch wann? Als eine der Reaktionen auf den russischen Einmarsch in die Ukraine hat die Biden-Administration den *Strategic Stability Dialogue* ausgesetzt, der im Juni 2021 ins Leben gerufen wurde. Dieser Dialog sollte den Boden für künftige Maßnahmen zur Rüstungskontrolle und Risikoreduzierung bereiten. Zwischen Juli 2021 und Januar 2022 fanden drei Treffen in diesem Rahmen statt.[91]

---

88   »All else being equal, smaller nuclear arsenals mean more vulnerable nuclear arsenals.« Und: »The benefit of nuclear weapons – to the countries that possess them and more generally to the world, which has not seen great power war for seventy-five years – stems from the *certainty* they can create in the minds of aggressors that victory is impossible. Chipping away at that certainty through arms cuts is potentially dangerous and counterproductive.« Keir A. Lieber/Daryl G. Press, *The Myth of the Nuclear Revolution: Power Politics in the Atomic Age*, Ithaca/London: Cornell University Press, 2020, S. 130.

89   Siehe Andrew Futter/Benjamin Zala, »Strategic non-nuclear weapons and the onset of a Third Nuclear Age«, in: *European Journal of International Security*, 6 (August 2021) 3, S. 257-277.

90   Siehe Adam P. Liff/G. John Ikenberry, »Racing toward Tragedy? China's Rise, Military Competition in the Asia Pacific, and the Security Dilemma«, in: *International Security*, 39 (2014) 2, S. 52–91 (88ff.).

91   Siehe Sarah Bidgood, »A New Nuclear Arms Race Is a Real Possibility«, in:

Strategische Stabilität – so wird das weithin gesehen – ist durch drei Faktoren gefährdet: die Entwicklung multipler nuklearer Gegnerschaftsbeziehungen, durch das Ein- und Zusammenwirken neuer Technologien und durch den Verfall der Rüstungskontrolle in den amerikanisch-russischen Beziehungen.[92] Die vertragliche Rüstungskontrolle ist weitgehend zusammengebrochen. Ungewiss ist die Aussicht, dass sie »neu erfunden« werden kann. Ein amerikanischer Experte hat diese Herausforderung treffend so beschrieben: »Innovatives Denken und innovative Diplomatie wird notwendig sein, um herauszufinden, wie die Vereinigten Staaten, Russland und China (vielleicht gefolgt von Indien und Pakistan) eine wechselseitig akzeptable Formel entwickeln können, um diese vielfältigen Waffen und damit verbundene Angriffsmittel, Cyberwaffen eingeschlossen, ausbalancieren und begrenzen zu können. Bevor irgendeiner dieser Antagonisten mit einem anderen Verhandlungen aufnehmen kann, müssen sie zunächst die bürokratischen und konzeptionellen Silos innerhalb ihrer eigenen Streitkräfte und ihrer zivilen Behörden aufbrechen, um neue Modelle für stabilisierende Rüstungskonkurrenzen zu entwickeln.«[93]

Manche setzen daher als zweitbeste Lösung auf ein »Regime nuklearer Zurückhaltung und Verantwortung«, auf ein Bündel einseitiger Maßnahmen und wechselseitiger Verpflichtungen,

---

Foreign Policy, 15.3.2022.

92   Siehe als Überblick Christopher F. Chyba/Robert Legvold, »Conclusion: Strategic Stability and Nuclear War«, in: *Daedalus*, 149 (Frühjahr 2020) 2, S. 222-237.

93   »Innovative thinking and diplomacy will be necessary to figure out how the United States, Russia, and China (perhaps followed by India and Pakistan) can develop a mutually acceptable formula for balancing and limiting these multifaceted weapons and related tools of attack, including cyber weapons. Before any of these antagonists can negotiate with each other, they must first break down the bureaucratic and conceptual silos within their own militaries and civilian agencies to develop new models for stabilizing arms competitions.« George Perkovich, »Reinventing Nuclear Arms Control«, Washington, DC: Carnegie Endowment of International Peace,10.9.2020; <https://carnegieendowment.org/2020/09/10/reinventing-nuclear-arms-control-pub-82682>.

um so das Risiko eines Nuklearwaffeneinsatzes zu reduzieren.[94] Vielleicht muss man es schon als kleinen Hoffnungsschimmer werten, dass die USA und Russland im Juni 2021[95] und die USA, Russland, China, Großbritannien und Frankreich im Januar 2022[96] in gemeinsamen Erklärungen den Satz von Reagan und Gorbatschow aus dem Jahre 1987 bekräftigt haben, ein Nuklearkrieg könne nicht gewonnen und solle niemals geführt werden. Doch die nuklearen Drohgebärden Russlands im Zuge des Krieges gegen die Ukraine lassen daran zweifeln, wie ernst es Moskau mit dieser Erklärung war.

---

94   Nina Tannenwald, »Life Beyond Arms Control: Moving toward a Global Regime of Nuclear Restraint and Responsibility«, in: *Daedalus*, 149 (Frühjahr 2020) 2, S. 205-221.

95   U.S.-Russia Presidential Joint Statement on Strategic Stability, 16.6.2021, <https://www.whitehouse.gov/briefing-room/statements-releases/2021/06/16/u-s-russia-presidential-joint-statement-on-strategic-stability/>.

96   Joint Statement of the Leaders of the Five Nuclear-Weapon States on Preventing Nuclear War and Avoiding Arms Races, 3.1.2022,<https://www.whitehouse.gov/briefing-room/statements-releases/2022/01/03/p5-statement-on-preventing-nuclear-war-and-avoiding-arms-races/>.

2 Die NATO und die nukleare Abschreckung

Die NATO versteht sich als »nukleares Bündnis«, das die Fähigkeit und den Willen besitzt, im Falle einer grundlegenden Bedrohung der Sicherheit eines Mitgliedslands einem Aggressor »inakzeptable Kosten« aufzuerlegen. Schon in ihren Anfängen hat die NATO auf nukleare Abschreckung gesetzt; doch neueren Datums ist das ausdrückliche, immer wieder betonte Selbstverständnis als »nukleares Bündnis«, welches die Allianz bleiben werde, solange es auf der Welt Nuklearwaffen gibt. Diese Zuschreibung geht auf das Gipfeltreffen 2010 und das dort verabschiedete strategische Konzept zurück. Die NATO-Mitglieder einigten sich zu einer Zeit auf diesen Leitsatz, als der amerikanische Präsident Barack Obama mit seiner Vision einer atomwaffenfreien Welt zwar nicht von der nuklearen Abschreckung abrückte, der Nuklearwaffenproblematik aber neue Aufmerksamkeit verschaffte; zu einer Zeit auch, als die deutsche Regierung mit einer halbherzigen, schnell versandeten Initiative zum Abzug der amerikanischen Atomwaffen aus Deutschland den nuklearen Status quo in Frage stellte. Wenn die NATO in ihrem Selbstverständnis ein »nukleares Bündnis« ist und zu bleiben gedenkt, dann bedeutet dies auch: Jene Mitgliedsstaaten, die nicht selbst über Nuklearwaffen verfügen, sind nach wie vor in der Mitverantwortung. Sie legitimieren somit weiterhin die Politik nuklearer Abschreckung.[1] Die NATO versteht sich zwar als nukleares Bündnis, hat aber – anders als zur Zeit des Kalten

---

1   Siehe Kjølv Egeland, »Spreading the Burden: How NATO Became a ›Nuclear‹ Alliance«, in: *Diplomacy & Statecraft*, 31 (2020) 1, S. 143–167.

Krieges – keine öffentlich auch nur ansatzweise zu erkennende Nuklearstrategie. Fehlende Klarheit ermöglicht zwar ein hohes Maß an Flexibilität, ließe sich aber, wie Kritiker bemängeln, auch als »Mangel an Willen oder Konsens« deuten.[2]

2.1 Die NATO als »nukleares Bündnis«

Die Rede von der NATO als »nuklearer Allianz« muss bei genauerem Blick relativiert und differenziert werden. Denn es ist nicht die NATO als Organisation, die über Nuklearwaffen verfügt. Vier Staaten, nämlich Belgien, Deutschland, Italien und die Niederlande, wirken gegenwärtig an der sogenannten nuklearen Teilhabe mit: Das heißt, sie verfügen über die Fähigkeit, die amerikanischen Atombomben einzusetzen, die auf ihrem Territorium lagern (mit der Türkei wären es fünf Staaten, aber türkische Flugzeuge sind Berichten zufolge seit Mitte der 1990er-Jahre nicht mehr für den Einsatz von Atomwaffen zertifiziert).[3]

In Westeuropa wurden taktische Atomwaffen – das heißt Gefechtsfeldwaffen kurzer Reichweite – in den 1950er-Jahren als Gegengewicht zur konventionellen Überlegenheit des Warschauer Pakts stationiert.[4] Für die abschreckungspolitische Be-

---

2   Hans Binnendijk/David Gompert, »Decisive Response: A New Nuclear Strategy for NATO«, in: *Survival*, 61 (2019) 5, S. 113–128 (»lack of will or consensus«, S. 116).

3   Siehe Hans M. Kristensen, *U.S. Nuclear Weapons in Europe*, Washington, D.C., 1.11.2019 (Briefing to Center for Arms Control and Non-Proliferation), Slides 4, 6, 7, <https://fas.org/ wp-content/uploads/2019/11/Brief2019_EuroNukes_CACNP_ .pdf>.

4   Die Unterscheidung zwischen strategischen und nichtstrategischen (taktischen) Atomwaffen ist nicht trennscharf. Traditionell wurden unter taktischen Atomwaffen Gefechtsfeldwaffen kurzer Reichweite verstanden, im Unterschied zu strategischen Waffen großer Reichweite. Will man ein einfaches pragmatisches Kriterium anwenden, dann lassen sich als taktische oder nichtstrategische Waffen all jene bezeichnen, die nicht von den einschlägigen amerikanisch-sowjetischen und amerikanisch-russischen Verträgen zur Begrenzung der strategischen Atomwaffen (SALT-Verträge, START-Verträge) erfasst wurden. Siehe

deutung taktischer, also auf dem Boden verbündeter Staaten stationierter Kernwaffen werden seitdem üblicherweise drei Gründe angeführt.[5] Erstens können sie im Sinne der »Abschreckung durch Erfolgsverweigerung« (*deterrence by denial*) direkte militärische Funktionen haben.[6] Zweitens erhöhen sie das Risiko unkontrollierbarer Eskalation. Dies entspricht der Logik der Abschreckung als »Wettstreit in der Risikobereitschaft« (*competition in risk taking*). In diesem Verständnis geht es nicht so sehr um militärische Erfolge auf dem Schlachtfeld, sondern um die Entschlossenheit, Risiken einzugehen und sich in einen Prozess zu begeben, der nicht zu beherrschen ist und am Ende zu hohen Kosten führen könnte, was wiederum keine Seite will. Ziel ist also, das gemeinsame Interesse an der Vermeidung eines Atomkrieges zum eigenen Vorteil zu manipulieren.[7] Drittens hat die Vornestationierung taktischer Nuklearwaffen Signalfunktion gegenüber einem Gegner. Allianzpolitisch dienen sie auf diese Weise der Versicherung verbündeter Staaten. Selbst wenn ihre abschreckungspolitischen Funktionen hinfällig sein könnten, ließe sich – so eine häufig geäußerte Befürchtung – eine Veränderung des Status quo als politisch bedenkliche Botschaft deuten.

Am Status quo seit dem Ende des Ost-West-Konflikts hat sich nichts geändert. Damals, in den frühen 1990er-Jahren zog die

---

Amy F. Woolf, *Nonstrategic Nuclear Weapons*, Washington, D.C.: Congressional Research Service (CRS), 21.2.2017 (CRS Report), S. 6ff.

5   Zum Folgenden siehe Todd S. Sechser, »Sharing the Bomb: How Foreign Nuclear Deployments Shape Nonproliferation and Deterrence«, in: *The Nonproliferation Review*, 23 (2016) 3–4, S. 443–458.

6   Zur Unterscheidung zwischen »deterrence by denial« und »deterrence by punishment« siehe Glenn H. Snyder, »Deterrence and Power«, in: *Journal of Conflict Resolution*, 4 (1960) 2, S. 163–178: »In military affairs deterrence by denial is accomplished by having military forces which can block the enemy's military forces from making territorial gains. Deterrence by punishment grants him the gain but deters by posing the prospect of war costs greater than the value of the gain.« (S. 163).

7   Schelling, *Arms and Influence* [wie Fn. 4, S. 9], bes. Kap. 3; dazu besonders Robert Jervis, *The Illogic of American Nuclear Strategy*, Ithaca, NY/London: Cornell University Press, 1984, S. 126–146.

US-Administration unter dem Präsidenten George H. W. Bush die taktischen Atomwaffen aus Europa ab, mit Ausnahme jener amerikanischen Atombomben vom Typ B61, die auf Stützpunkten in Belgien, Deutschland, Italien, den Niederlanden und der Türkei stationiert sind. Sie hatten zwar eigentlich keine militärische Funktion mehr,[8] verkörperten aber weiterhin die amerikanische Nukleargarantie auch in einer Zeit, als die Bedrohung längst verschwunden und ein wiedererstarkendes Russland nur eine ferne Möglichkeit war. Auch wenn in den Jahrzehnten nach dem Ende der Ost-West-Konfrontation rational wenig für die fortgesetzte Präsenz taktischer Nuklearwaffen sprach, sorgten ihre symbolische Bedeutung und die auf Konsens ausgerichteten Entscheidungsverfahren der NATO jedoch dafür, dass der in den frühen 1990er-Jahren etablierte Status quo fortdauerte. Ein nennenswerter politischer Druck, daran etwas zu ändern, bestand nicht. In der NATO wurden Nuklearfragen möglichst ohne große öffentliche Aufmerksamkeit behandelt; in den Gesellschaften der Mitgliedstaaten war die nukleare Abschreckung nach Ende des Ost-West-Konflikts kaum mehr ein Thema.[9]

Offizielle Angaben gibt es nicht, aber die Zahl der in Europa stationierten Bomben mit der Typenbezeichnung B61-3 und B61-4 wird auf 100 geschätzt, von denen sind etwa 60 für den Einsatz auf NATO-Flugzeugen vorgesehen. Die Schwerkraftbombe vom

---

8 »Given the above-mentioned insight that nuclear weapons have to be militarily usable (in a plausible manner) in order to have a political deterrence effect, the conceptual plausibility of NATO's nuclear bombs on European soil in today's security environment is close to nil.« Karl-Heinz Kamp/Robertus C. N. Remkes, »Options for NATO Nuclear Sharing Arrangements«, in: Steve Andreasen/Isabelle Williams (Hg.), *Reducing Nuclear Risks in Europe. A Framework for Action*, Washington, D.C.: Nuclear Threat Initiative, 2011, S. 76–95 (83).

9 Trine Flockhart, »NATO's Nuclear Addiction – 12 Steps to ›Kick the Habit‹«, in: *European Security*, 22 (2013) 3, S. 271–287. Siehe auch Martin A. Smith, »To Neither Use Them nor Lose Them: NATO and Nuclear Weapons since the Cold War«, in: *Contemporary Security Policy*, 25 (Dezember 2004) 3, S. 524–544; Michael Paul, *Atomare Abrüstung. Probleme, Prozesse, Perspektiven*, Bonn: Bundeszentrale für politische Bildung, 2012, S. 39–45.

Typ B61-3 hat eine variable Sprengkraft von 0,3 bis 170 Kilotonnen, die Bombe vom Typ B61-4 eine Sprengkraft von 0,3 bis 50 Kilotonnen. Die modernisierte Version dieser Bomben, die B61-12, deren Produktion 2021 begann, verfügt über eine größere Zielgenauigkeit und Wirkfähigkeit. Sie ist damit zur Ausschaltung gehärteter, das heißt stark geschützter Ziele geeignet.[10]

Soll es zu einem Einsatz amerikanischer, in Deutschland und anderen NATO-Staaten gelagerter Bomben durch atomwaffenfähige Flugzeuge kommen, müsste der US-Präsident die Bomben freigeben und das jeweilige Stationierungsland dem Einsatz durch eigene Flugzeuge zustimmen. Die allgemeine Erwartung scheint zu sein: Eine solche Einsatzentscheidung wird nach Konsultation mit allen NATO-Mitgliedern getroffen, und der Nordatlantikrat hat dabei eine zentrale Rolle. Eine notwendige Voraussetzung ist die Beratung mit allen Verbündeten jedoch nicht.[11]

Neben den Staaten, die an der nuklearen Teilhabe mitwirken, gibt es noch die sieben NATO-Mitglieder (Dänemark, Griechenland, Norwegen, Polen, Rumänien, Tschechische Republik und Ungarn), die sich an den sogenannten SNOWCAT-Operationen beteiligen (*Support of Nuclear Operations with Conventional Air Tactics*). In diesem Verbund üben die Beteiligten den Schutz der atombombentragenden Flugzeuge und die Ausschaltung der gegnerischen Luftabwehr. 14 NATO-Verbündete beschränken ihre »nukleare« Rolle auf die Teilnahme an den Sitzungen der Nuklearen Planungsgruppe (*Nuclear Planning Group*, NPG). Die 1966 eingerichtete NPG, die je nach Bedarf auf Botschafterebene und einmal im Jahr auf Ebene der Verteidigungsminister tagt,

---

10   Siehe Hans M. Kristensen/Robert S. Norris, »The B61 Family of Nuclear Bombs«, in: *Bulletin of the Atomic Scientists*, 70 (2014) 3, S. 79–84.
11   Siehe Simon Lunn, »NATO Nuclear Sharing: Consultation«, in: Steve Andreasen/Isabelle Williams/Brian Rose/Hans M. Kristensen/Simon Lunn, *Building a Safe, Secure, and Credible NATO Nuclear Posture*, Washington, D.C.: Nuclear Threat Initiative, Januar 2018, S. 41–46.

dient dem Austausch und der Beratung über nukleare Fragen. Frankreich ist weder Mitglied der NPG noch der 1977 gegründeten High Level Group, die als Beratungsgremium der NPG fungiert. Die High Level Group setzt sich aus hochrangigen Vertretern der Mitgliedstaaten zusammen. Gegründet wurde sie, weil die USA damals führende Entscheidungsträger aus den NATO-Ländern in die Nuklearpolitik einbinden und größere Aufmerksamkeit für dieses Thema schaffen wollten. Anders als es manchmal den Eindruck hat, ist der innerhalb der NPG entwickelte Konsultationsmechanismus nicht an die Stationierung amerikanischer Nuklearwaffen in Europa geknüpft.[12]

Seit 1979 steht die NPG allen Verbündeten offen. Die Mitgliedschaft ist nicht davon abhängig, ob ein Staat Atomwaffen auf seinem Territorium gelagert hat oder über eigene Trägermittel verfügt. Kanada hat 1989 seine Teilnahme an der nuklearen Teilhabe beendet, Griechenland im Jahre 2001. Island, Dänemark, Norwegen und Spanien haben nie gestattet, in Friedenszeiten Atomwaffen auf ihrem Territorium zu lagern.[13] In der NATO-Russland-Grundakte von 1997 wurde erklärt, die Allianz habe keine Absicht, keine Pläne und keinen Anlass, Atomwaffen in den neuen NATO-Staaten zu stationieren.[14]

Für die NATO insgesamt haben die in Europa gelagerten amerikanischen Nuklearwaffen nach wie vor eine beträchtliche politisch-symbolische Bedeutung: als eine Art Materialisierung der amerikanischen Schutzzusage. Doch die eigentliche Abschreckungsfunktion, nämlich die Aufgabe, die Folgen einer Aggression unkalkulierbar und inakzeptabel zu machen, ist den strategischen Nuklearstreitkräften der USA, Großbritanniens und

---

12   Ebd.

13   Siehe Hugh Beach, »The End of Nuclear Sharing? US Nuclear Weapons in Europe«, in: *The RUSI Journal*, 154 (2009) 6, S. 48–53 (50).

14   Grundakte über Gegenseitige Beziehungen, Zusammenarbeit und Sicherheit zwischen der Nordatlantikvertrags-Organisation und der Russischen Föderation, 27.5.1997 <www.nato.int/cps/en/natohq/official_texts_25468.htm?selectedLocale=de>.

Frankreichs zugewiesen. In der Erklärung des Brüsseler NATO-Gipfels von 2021 heißt es dazu: »Die strategischen Streitkräfte des Bündnisses, insbesondere die der Vereinigten Staaten, sind die oberste Garantie für die Sicherheit der Verbündeten. Die unabhängigen strategischen Nuklearstreitkräfte des Vereinigten Königreichs und Frankreichs haben eine eigenständige Abschreckungsrolle und tragen in bedeutendem Maße zur Gesamtsicherheit des Bündnisses bei. Die separaten Entscheidungszentren dieser Verbündeten tragen zur Abschreckung bei, indem sie die Kalkulationen eines jeden potenziellen Gegners erschweren.«[15]

In der Formel von den »getrennten Entscheidungszentren« kommt ein wichtiges Argument zum Ausdruck, mit dem Großbritannien seine eigenen Nuklearstreitkräfte begründet hatte (*Second Decision Centre*, später, seit 2006, *Independent Decision Centre*), ohne, anders als Frankreich, ausdrücklich die Glaubwürdigkeit der amerikanischen Nukleargarantie in Zweifel zu ziehen.[16] Entsprechend galt zur Zeit des Kalten Krieges folgende Sprachregelung: Falls die sowjetische Führung fälschlicherweise kalkuliere, die USA würden ihre Atomwaffen nicht oder erst sehr spät einsetzen, böten die unabhängig einsetzbaren Nuklearwaffen Großbritanniens eine Versicherung gegenüber der Möglichkeit einer solchen Einschätzung auf sowjetischer Seite.[17] Anders

---

15   »The strategic forces of the Alliance, particularly those of the United States, are the supreme guarantee of the security of the Allies. The independent strategic nuclear forces of the United Kingdom and France have a deterrent role of their own and contribute significantly to the overall security of the Alliance. These Allies' separate centres of decision-making contribute to deterrence by complicating the calculations of potential adversaries.« NATO, *Brussels Summit Communiqué. Issued by the Heads of State and Government Participating in the Meeting of the North Atlantic Council in Brussels, 14 June 2021*, <https://www.nato.int/cps/en/natohq/news_185000.htm>.

16   Siehe Lawrence Freedman/Jeffrey Michaels, *The Evolution of Nuclear Strategy*, 4. Aufl., London: Palgrave Macmillan, 2019, S. 343f.; Martin A. Smith, »British Nuclear Weapons and NATO in the Cold War and Beyond«, in: *International Affairs*, 87 (2011) 6, S. 1385–1399.

17   Siehe Michael Quinlan, *Thinking about Nuclear Weapons: Principles, Problems, Prospects*, Oxford: Oxford University Press, 2009, S. 122f.

als die französischen sind die britischen Nuklearstreitkräfte der NATO »assigniert«. Planungen werden wohl in Absprache mit dem *Supreme Allied Commander Europe* (SACEUR) erarbeitet – es sei denn, die britische Regierung entscheidet, dass höchste nationale Interessen auf dem Spiel stehen. Getrennte Entscheidungszentren heißt jedoch weiterhin: Die übrigen NATO-Staaten haben weder institutionell noch politisch einen Einfluss auf die strategischen Nuklearstreitkräfte der drei nationalen »Entscheidungszentren«. Beschlüsse über den Einsatz von Nuklearwaffen zur Unterstützung der NATO fallen in Washington, London und Paris. Die NATO würde konsultiert; die Mitgliedstaaten würden möglicherweise im Konsens zustimmen. Jedoch kann die Allianz den Einsatz von Atomwaffen, die nicht in den Bereich der nuklearen Teilhabe fallen, nicht blockieren.[18]

2.2 Die Nukleardoktrinen der Atommächte USA, Großbritannien und Frankreich

Die Kernwaffen der USA, Großbritanniens und Frankreichs sind – wie auch die anderer Nuklearwaffenstaaten – eingebunden in spezifische Strategien oder sogenannte Nukleardispositive (*nuclear posture*). Nuklearwaffen können in eine Strategie gesicherter Vergeltung, aber auch in eine Kriegsführungsstrategie eingebettet sein, die eine asymmetrische Eskalation ermöglichen soll.[19] Frankreich und Großbritannien setzen auf eine Minimalabschreckung gesicherter Vergeltungsfähigkeit. Die USA haben bis heute dem Konzept einer Minimalabschreckung eine Absage

---

18   Siehe Hans M. Kristensen, »NATO Nuclear Operations: Management, Escalation, Balance of Power«, Federation of American Scientists (online), 27.10.2015, Slides 8 und 9, <https://fas.org/ wp-content/uploads/2014/05/Brief2015_NATO-Russia_MIIS_.pdf>.
19   Siehe Vipin Narang, *Nuclear Strategy in the Modern Era: Regional Powers and International Conflict*, Princeton/Oxford: Princeton University Press, 2014.

erteilt, nicht zuletzt wegen der Erfordernisse der »erweiterten Abschreckung« in Europa und Asien unter den Bedingungen der wechselseitigen atomaren Verwundbarkeit im Verhältnis zu Russland und China. Gerade die erweiterte Abschreckung und das Problem ihrer Glaubwürdigkeit haben die amerikanische Nuklearpolitik seit Jahrzehnten in hohem Maße geprägt. Wie lassen sich glaubhaft aggressive Akte gegen Verbündete abschrecken, wenn die USA selbst durch sowjetische/russische und chinesische Nuklearangriffe verwundbar sind? Wie ist das sich daraus ergebende Problem der Selbstabschreckung zu bewältigen? Welche Möglichkeiten gibt es, die gegnerische Seite von einer nuklearen Eskalation abzuhalten, sollte die Abschreckung versagen? Und wie lässt sich der Schaden im Falle eines Nuklearkrieges begrenzen?

Wenn im Folgenden die Nukleardoktrinen der drei Atommächte innerhalb der NATO näher analysiert werden, dann geschieht dies – soweit möglich – mit Blick auf die deklaratorische und die operative Nuklearpolitik. Deklaratorische Politik soll potenziellen Gegnern, aber auch verbündeten Staaten, die eigenen Fähigkeiten und Absichten vermitteln. Sie soll politische Wirkungen erzielen und Wahrnehmungen beeinflussen. Und sie enthält ein gewisses Maß an Zweideutigkeit, um für den Ernstfall die eigene Flexibilität zu erhalten. Deklaratorische Politik sollte aber auch nicht zu weit von dem abweichen, was tatsächlich operativ geplant ist.[20]

---

20 So Paul H. Nitze, »Atoms, Strategy and Policy«, in: *Foreign Affairs*, (Januar 1956), S. 187–198. Dort findet sich die klassische Unterscheidung zwischen »declaratory policy« und »action policy«, die im heutigen Sprachgebrauch eher als »employment policy« oder »operational policy« bezeichnet wird.

2.2.1 Die US-Nukleardoktrin: Kriegsführungs-Abschreckung

Die nukleare Abschreckung der USA beruht auf der Fähigkeit zur nuklearen Kriegsführung (»Kriegsführungs-Abschreckung«).[21] Aus amerikanischer Sicht tragen Nuklearwaffen in zweierlei Hinsicht zur Abschreckung bei: Zum einen lassen sie sich nutzen, um dem Gegner militärisch die Aussicht auf Erfolge zu nehmen (*deterrence by denial*), zum anderen können sie ihm hohen Schaden zufügen (*deterrence by punishment*).[22]

Die Feinheiten des Abschreckungsdenkens entwickelten sich erst langsam. Kernwaffen waren bis in die frühen 1960er-Jahre in den militärischen Planungen die primären Waffen im Falle eines Krieges mit der Sowjetunion.[23] Abschreckung beruhte auf der sogenannten Strategie der »massiven Erwiderung«. Sie zielte faktisch auf die großflächige Zerstörung industrieller und militärischer Ziele sowie von Bevölkerungszentren in der Sowjetunion (und in China). So enthielt der erste *Single Integrated Operation Plan* (SIOP), den Präsident Eisenhower im Dezember 1960 ge-

---

21   Treffend analysiert wurde diese Entwicklung hin zu einer »Ausdifferenzierung der nuklearen Kriegsführungsoptionen« früh von Dieter Senghaas, »Rückblick und Ausblick auf Abschreckungspolitik«, in: Franz Böckle/Gert Krell (Hg.), *Politik und Ethik der Abschreckung. Beiträge zur Herausforderung der Nuklearwaffen*, Mainz/München: Grünewald/Kaiser, 1984, S. 98–132 (108). Bei Senghaas finden sich auch die Begriffe Kriegsführungs-Abschreckung und Vergeltungs-Abschreckung. – Als frühen Beitrag zur Analyse dieser Entwicklung siehe ferner Gert Krell, »Zur Problematik nuklearer Optionen«, in: Erhard Forndran/Gert Krell (Hg.), unter Mitwirkung von Hans-Joachim Schmidt, *Kernwaffen im Ost-West-Vergleich. Zur Beurteilung militärischer Potentiale und Fähigkeiten*, Baden-Baden: Nomos, 1983, S. 79–116.

22   Auch wenn die Begriffe nicht benutzt werden, findet sich diese doppelte Rolle, die Nuklearwaffen zugewiesen wird, in vielen Dokumenten des amerikanischen Militärs, siehe etwa das folgende Zitat: »US nuclear forces contribute uniquely and fundamentally to deterrence- through their ability to threaten to impose costs and deny benefits to an adversary in an exceedingly rapid and devastating manner.« Joint Chiefs of Staff, *Joint Nuclear Operations*. Joint Publication 3-72, 17 April 2020, S. I-5 <https://irp.fas.org/doddir/dod/jp3_72_2020.pdf>.

23   Als Überblick siehe Lieber/Press, *The Myth of the Nuclear Revolution* [wie Fn. 88, S. 43], S. 51-62.

nehmigte, 3729 Ziele in der Sowjetunion, China, Nordkorea und Osteuropa, die mit 3423 Nuklearwaffen angegriffen werden sollten. Rund ein Fünftel der Ziele waren ziviler, vier Fünftel militärischer Art. Die damaligen Schätzungen berücksichtigten nur die Auswirkungen der Explosion selbst (*blast effects*), da die Wirkung von Feuer und Strahlung schwer zu bemessen war. Demnach wären diesen Angriffen innerhalb von drei Tagen etwa 54 Prozent der sowjetischen und 16 Prozent der chinesischen Bevölkerung zum Opfer gefallen, das heißt rund 220 Millionen Menschen.[24]

Aufgrund des Glaubwürdigkeitsdefizits atomarer Abschreckung begann man, einsatzfähige Optionen zu suchen. Damit sollte das Problem der Selbstabschreckung bewältigt werden. Denn die Sowjetunion baute im Laufe der 1960er-Jahre ihr Atomwaffenarsenal aus und erlangte am Ende jenes Jahrzehnts »nukleare Parität«. Washington veränderte die deklaratorische Strategie zwar in Richtung abgestufter Optionen und flexibler Erwiderung. Doch die operative strategische nukleare Zielplanung, wie sie sich im *Single Integrated Operation Plan* niederschlug, blieb bis weit in die 1970er-Jahre hinein alles andere als flexibel.[25]

Die Flexibilisierung nuklearer Optionen bedeutete im Grunde: Atomwaffen werden wie konventionelle Waffen als Kriegsführungswaffen verstanden. Mit deren Einsatz soll die sogenannte Eskalationsdominanz erreicht werden.[26] Im klassischen

---

24 Siehe Eric Schlosser, *Command and Control*, London: Penguin Books, 2013, S. 206.

25 Siehe William E. Odom, »The Origins and Design of Presidential Decision-59: A Memoir«, in: Henry D. Sokolski (Hg.), *Getting MAD: Nuclear Mutual Assured Destruction, Its Origin and Practice*, Carlisle, PA: Strategic Studies Institute, U.S. Army War College, November 2004, S. 175–196 (183).

26 Siehe Jervis, *The Illogic of American Nuclear Strategy* [wie Fn. 7, S. 49], S. 56–63. Zur historischen Entwicklung siehe auch Niccolò Petrelli/Giordana Pulcini, »Nuclear Superiority in the Age of Parity: US Planning, Intelligence Analysis, Weapons Innovation and the Search for a Qualitative Edge 1969–1976«, in: *The International History Review*, 22.1.2018; David S. McDonough, »The Evolution of American Nuclear Strategy«, in: *Adelphi Papers*, 46 (2006) 383, S. 13–28. Zu den

Abschreckungsdenken ist damit gemeint, »in einem bestimmten Bereich der Eskalationsleiter eigene Vorteile aus[zu]spielen«.[27] Voraussetzung von Eskalationsdominanz ist eine derartige Asymmetrie der Fähigkeiten, dass der anderen Seite die Last der weiteren Eskalation auferlegt wird. Die daraus folgende Strategie wurde in den 1970er-Jahren als *Countervailing*-Strategie bezeichnet. Der Begriff findet sich in der gegenwärtigen Strategiedebatte zwar kaum mehr, aber die dahinterstehende Logik durchaus: Dem Gegner soll der Erfolg auf allen Stufen der Kriegsführung verweigert werden. Ziel ist, den Kontrahenten abzuschrecken, aber die Kluft zwischen Abschreckungsdrohung im Frieden und Kriegsführung, falls die Abschreckung versagt, soll möglichst gering gehalten werden.

Die amerikanischen Nuklearplaner haben stets auch das Versagen der Abschreckung im Blick und die Frage, was in einem solchen Fall passiert und wie sich der dann zu erwartende Schaden begrenzen lässt.[28] Die US-Nukleardoktrin stellt also auf die Fähigkeit ab, im Ernstfall über möglichst vielfältige *Counterforce*-Optionen zu verfügen. Hier geht es darum, militärische – und dabei vor allem nukleare – Fähigkeiten des Kontrahenten zu neutralisieren. Zu den Zielen gehören gegnerische Raketensilos, Flughäfen, Stützpunkte der strategischen U-Boote sowie Kontroll- und Kommunikationseinrichtungen.[29] Die nukleare

---

Problemen und Diskussionen während des Ost-West-Konflikts siehe Charles L. Glaser, *Analyzing Strategic Nuclear Policy*, Princeton, NJ: Princeton University Press, 1990.

27   Herman Kahn, *Eskalation. Die Politik mit der Vernichtungsspirale*, Frankfurt/ Berlin/Wien 1970, S. 351.

28   »If deterrence fails, US nuclear forces provide the President with a range of credible and effective response options to achieve US objectives. Those objectives include ending a conflict and restoring deterrence at the lowest level of damage possible for the United States, allies, and partners and minimizing civilian damage to the extent possible consistent with achieving those objectives.« Joint Chiefs of Staff, *Joint Nuclear Operations*. Joint Publication 3-72 [wie Fn. 22, S. 56], S. I-6.

29   Joint Chiefs of Staff, *Doctrine for Joint Nuclear Operations, Joint Publication* 3-12, 18.12.1995, S. II-5. < https://apps.dtic.mil/dtic/tr/fulltext/u2/a357521.pdf>.

Abschreckungspolitik der USA stützt sich erklärtermaßen nicht auf eine sogenannte *Countervalue*-Strategie.[30] Unter *Countervalue*-Zielen sind »weichere« Ziele zu verstehen, aus heutiger Perspektive etwa industrielle Anlagen, die zur Kriegsführungsfähigkeit beitragen.[31] Doch auch solche Ziele dürften abgedeckt werden, denn Abschreckung beruht aus Sicht der amerikanischen Militärführung darauf, dass die amerikanischen Nuklearstreitkräfte in der Lage sind (und in diesem Sinne auch so wahrgenommen werden), jene gegnerischen, der Kriegsführung und Kriegsunterstützung dienenden Einrichtungen und Fähigkeiten zu zerstören, »die ein potenzieller Gegner am meisten schätzt und auf die er sich stützen würde, um seine eigenen Ziele in einer Nachkriegswelt zu erreichen«.[32] Die nukleare Zielplanung, die im offenbar nach wie vor geltenden OPLAN 8010-12 vom Juli 2012 festgelegt ist, unterliegt strengster Geheimhaltung.

Aus der *Counterforce*-Orientierung ergibt sich die Notwendigkeit einer großen Zahl von Nuklearwaffen, jedenfalls einer weit höheren, als im Falle einer Vergeltungs-Abschreckung erforderlich wären, die sich gegen Einrichtungen staatlicher Kontrolle und die wirtschaftlich-industrielle Basis richten würde.[33] Nimmt

---

30 »The new guidance requires the United States to maintain significant counterforce capabilities against potential adversaries. The new guidance does not rely on a ›counter-value‹ or ›minimum deterrence‹ strategy.« Department of Defense, *Report on Nuclear Employment Strategy* [wie Fn. 64, S. 35], S. 4.

31 Joint Chiefs of Staff, *Doctrine for Joint Nuclear Operations* [wie Fn. 29, S. 58], S. II-5.

32 »US nuclear forces deter potential adversaries by providing the President the means to respond appropriately to an attack on the US, its friends or allies. US nuclear forces must be capable of, and be seen to be capable of, destroying those critical war-making and war-supporting assets and capabilities that a potential adversary leadership values most and that it would rely on to achieve its own objectives in a post-war world.« Joint Chiefs of Staff, *Doctrine for Joint Nuclear Operations, Joint Publication 3-12, Final Coordination* [wie Fn. 40, S. 25], S. I–1f.

33 Wenn die amerikanische Abschreckungspolitik einer Vergeltungslogik folgen und der Option des Ersteinsatzes im Nukleardispositiv sichtbar abgeschworen würde, wäre dies vermutlich der strategischen Stabilität, der Krisenstabilität und der Stabilität in der Rüstungskonkurrenz förderlich. Siehe Bruce G. Blair (with Jessica Sleight and Emma Claire Foley), *The End of Nuclear Warfighting:*

man die Beratungen unter Präsident Obama zum Indiz, dann wäre es für die USA aber auch im Rahmen der Kriegsführungs-Abschreckung durchaus möglich, die Zahl der gefechtsbereit stationierten strategischen nuklearen Gefechtsköpfe von der im New-START-Vertrag festgeschriebenen Höchstgrenze von 1.550 auf 1.000 zu vermindern. Die aus der Zeit von George W. Bush stammende Leitlinie für die Nuklearplanung sah vor, Ziele mit »sehr hoher Zuversicht« (*very high confidence*) auszuschalten. Das verlangte nach Überzeugung der Planer, zwei, gegen manche Ziele auch drei Gefechtsköpfe einzusetzen. Gäbe man diese Anforderung auf, dann wäre Luft für eine Verringerung der Zahl der Sprengköpfe. Nur: Die Militärführung wandte sich entschieden gegen eine einseitige Reduzierung und kündigte an, mit dieser Position in die Öffentlichkeit zu gehen. Präsident Obama nahm daraufhin Abstand von der Idee, die Anzahl der nuklearen Gefechtsköpfe einseitig zu verringern.[34]

Nicht nur auf der operativen, sondern auch auf der deklaratorischen Ebene ist die US-Nukleardoktrin von beträchtlicher Kontinuität geprägt, wie es sich gerade in der Amtszeit von Präsident Obama zeigte. Dieser machte sich zwar die Vision einer atomwaffenfreien Welt zu eigen und wollte die vertraglich geregelte Abrüstung vorantreiben, aber an den Pfeilern der nuklearen Abschreckung rüttelte auch er nicht.[35] So kam es entgegen mancher Erwartung auch unter Präsident Obama in der deklaratorischen Politik nicht zu einem Verzicht auf den Ersteinsatz von Nuklearwaffen. Wohl wurde ein entsprechender Vorschlag gegen Ende von Obamas Amtszeit erörtert, traf indes auf Ab-

---

Moving to a Deterrence-Only Posture. An Alternative U.S. Nuclear Posture Review. Program on Science and Global Security, Princeton University/Global Zero, Washington, DC, 2018.

34   Siehe Kaplan, *The Bomb* [wie Fn. 33, S. 22], S. 236–244.

35   Siehe Marco Fey/Giorgio Franceschini/Harald Müller/ Hans-Joachim Schmidt, *Auf dem Weg zu Global Zero? Die neue amerikanische Nuklearpolitik zwischen Anspruch und Wirklichkeit*, Frankfurt a.M.: Hessische Stiftung Friedens- und Konfliktforschung (HSFK), 2010 (HSFK-Report Nr. 4/2010).

lehnung seitens des Außen-, des Verteidigungs- und des Energieministers sowie der Verbündeten in Europa und Asien. Es blieb bei der traditionellen Politik der sogenannten kalkulierten Zweideutigkeit, wonach der Ersteinsatz von Atomwaffen nicht kategorisch ausgeschlossen ist. Allerdings sind die genauen Bedingungen, unter denen ein solcher Einsatz stattfinden könnte, nicht genannt. Im *Nuclear Posture Review Report* von 2010 und in der *Nuclear Employment Guidance* von 2013 ist die Rede davon, der Einsatz werde nur »unter extremen Bedingungen« erfolgen, um die vitalen Interessen der USA und ihrer Verbündeten und Partner zu verteidigen. Ausgeschlossen sind Androhung und Einsatz von Atomwaffen gegen Nichtkernwaffenstaaten, die Mitglieder des Nichtverbreitungsvertrages sind und ihre vertraglichen Verpflichtungen einhalten.[36] Neu in der deklaratorischen Nuklearstrategie unter Präsident Trump war, das zu den »extremen Bedingungen« auch »bedeutende nichtnukleare strategische Angriffe« gehören, worunter wohl besonders Cyberangriffe zu verstehen sind.[37] Es geht dabei vor allem um Angriffe auf die Zivilbevölkerung, die Infrastruktur sowie auf Kernwaffen und ihre Kontroll- und Kommandoeinrichtungen.

2.2.2 Großbritannien und Frankreich: Minimalabschreckung

Frankreich und Großbritannien verfügen nicht über derartige abgestufte *Counterforce*-Optionen wie die USA, sondern orientieren sich am Maßstab einer »Minimalabschreckung«.[38] Groß-

---

36   Siehe Department of Defense, *Nuclear Posture Review Report*, Washington, D.C., April 2010, S. IX <https://dod.defense.gov/Portals/1/features/defenseReviews/NPR/2010_Nuclear_Posture_Review_Report.pdf>; Department of Defense, *Report on Nuclear Employment Strategy* [wie Fn. 64, S. 35], S. 4. Siehe dazu Amy F. Woolf, *U.S. Nuclear Weapons Policy: Considering »No First Use«*, Washington, D.C.: Congressional Research Service, 16.8.2016 (CRS Insight).
37   Department of Defense, *Nuclear Posture Review*, Washington, D.C., Februar 2018, S. 21 <https://media.defense.gov/2018/Feb/02/2001872886/-1/-1/1/2018-NUCLEAR-POSTURE-REVIEW-FINAL-REPORT.PDF>.
38   Siehe Bruno Tertrais, *A Comparison between US, UK and French Nuclear Poli-*

britannien hat sein nukleares Abschreckungspotenzial an dem Erfordernis einer »minimalen Zerstörungskraft zur Abschreckung eines Aggressors« ausgerichtet.[39] Woran sich dieses Minimum genau bemisst, bleibt im Unklaren. Im Kalten Krieg galt wohl lange das sogenannte Moskau-Kriterium: Die britischen Nuklearstreitkräfte sollten in der Lage sein, Moskau zu zerstören. Als London 1980 die Seestationierung von Trident-Raketen beschloss, die eine größere Flexibilität bei der Zielauswahl ermöglichten, war mit Blick auf die Zielplanung die Rede von »Schlüsselaspekten der sowjetischen Staatsmacht« (*key aspects of Soviet state power*). Die lagen in sowjetischen Städten oder in deren Nähe.[40] Die Formulierung »key aspects of Soviet state power« war, wie Michael Quinlan, ein hochrangiger, an den Planungen beteiligter Beamter, schreibt, »bewusst gewählt – zum Teil mit ethischen Bedenken im Kopf –, um zu kommunizieren, dass Städten zwar keine Immunität garantiert ist, aber der britische Ansatz der Abschreckungsdrohung und der operativen Planung in der Trident-Ära nicht auf kruden counter-city- oder counter-population-Konzepten beruht.«[41]

Großbritannien verfügt über etwa 225 nukleare Gefechtsköpfe. Davon sind wohl 120 einsatzfähig.[42] Zu jeder Zeit befindet

cies and Doctrines, Paris: Sciences Po/Centre national de la recherche scientifique, März 2007; Claire Mills, *Nuclear Weapons – Country Comparisons*, London: House of Commons, 9.10.2017 (Library, Briefing Paper Nr. 7566), S. 37–43.

39   »[…] minimum amount of destructive power to deter any aggressor«, Ministry of Defence, *The UK's Nuclear Deterrent: What You Need to Know*, London, 26.2.2016 (Update 19.2.2018), <https://www.gov.uk/government/publications/uk-nuclear-deterrence-factsheet/uk-nuclear-deterrence-what-you-need-to-know>.

40   Siehe Freedman/Michaels, *Evolution of Nuclear Strategy* [wie Fn. 16, S. 53], S. 344ff.

41   »[…] deliberately chosen – partly with ethical concerns in mind – to convey that, while cities could not be guaranteed immunity, the UK approach to deterrent threat and operational planning in the Trident era would not rest on crude counter-city or counter-population concepts«, Quinlan, *Thinking about Nuclear Weapons* [wie Fn. 17, S. 53], S. 127.

42   Siehe Hans M. Kristensen/Matt Korda, »United Kingdom nuclear weapons, 2021«, in: *Bulletin of the Atomic Scientists*, 77 (2021) 3, S. 153-158.

sich eines der vier strategischen U-Boote, die die britische Marine im Dienst hat, mit etwa 40 Raketen auf See. Die britische Nukleardoktrin lässt einen potenziellen Gegner bewusst im Unklaren, wann, wie und in welchem Maße Atomwaffen unter extremen Umständen der Selbstverteidigung und der Verteidigung der NATO-Verbündeten eingesetzt würden.[43] Die Gefechtsköpfe haben – offiziell gibt es dazu keine Informationen – in der Regel eine Sprengkraft von 80 bis 100 Kilotonnen, einige aber wohl eine bewusst deutlich verringerte Zerstörungsfähigkeit.[44]

Zu erwähnen ist eine Besonderheit der britischen nuklearen Abschreckung: die *Last-Resort*-Protokolle. Sollte ein gegnerischer Schlag die politische Führung und die Kommando-, Kontroll- und Kommunikationseinrichtungen ausschalten, sind Vorkehrungen getroffen: In den strategischen U-Booten liegt ein Brief, handgeschrieben vom Premierminister. Darin wird der Kommandant eines von der Kommunikation abgeschnittenen Unterwasserschiffs instruiert, wie er sich in einem solchen Falle verhalten solle. Ein Gegner kann also nicht ausschließen, dass ein nuklearer Vergeltungsschlag angeordnet ist.[45] Nur ein früherer Premierminister hat sich später über den Inhalt seines Briefes geäußert: James Callaghan, der nach eigenem Bekunden den Einsatz der Atomwaffen angeordnet hatte. Einsatz oder Nichteinsatz sind möglicherweise nicht die einzigen Anordnungen, die in einem solchen Brief enthalten sein können, sondern vielleicht auch die Anweisung, das U-Boot dem Kommando eines verbündeten Staates zu unterstellen oder nach eigenem Ermessen zu handeln. Was immer auch ein Premierminister oder eine Premierministerin in diesem Brief schreibt, welcher nach

---

43   Siehe Niklas Granholm/John Rydqvist, *Nuclear Weapons in Europe: British and French Deterrence Forces*, Stockholm: FOI, April 2018, S. 8–23.

44   Siehe Quinlan, *Thinking about Nuclear Weapons* [wie Fn. 17, S. 53], S. 128.

45   Siehe John Gower, *United Kingdom: Nuclear Weapon Command, Control, and Communications*, 12.9.2019 (NAPSNet Special Reports), <https://nautilus.org/napsnet/napsnet-special-reports/united-kingdom-nuclear-weapon-command-control-and-communications/>.

Ausscheiden aus dem Amt ungeöffnet zerstört wird, und wie er persönlich zur nuklearen Abschreckung steht – öffentlich muss er den Eindruck erwecken, zu einem Vergeltungsschlag bereit zu sein.[46]

Frankreich verfügt über rund 300 atomare Gefechtsköpfe, von denen die meisten stationiert sind oder zumindest schnell eingesetzt werden können. Kern der französischen Nuklearstreitmacht sind die auf vier U-Booten mitgeführten ballistischen Raketen. Hinzu kommen luftgestützte nukleare Marschflugkörper.[47] Frankreich hat keine *Counterforce*-Doktrin, die den Einsatz eigener Nuklearwaffen gegen die des Gegners vorsehen würde. Aus traditioneller französischer Sicht würde dies bedeuten, Atomwaffen als Kriegsführungswaffen anzusehen; die Größe des eigenen Arsenals würde sich dann an der Größe des gegnerischen bemessen müssen; ein Rüstungswettlauf wäre programmiert – ganz zu schweigen von den technologischen Herausforderungen, die zielgenaue *Counterforce*-Waffen darstellen.[48] Frankreich orientiert sich ebenfalls an einer Minimalabschreckung: Der Maßstab ist, dem Gegner einen »inakzeptablen Schaden« zuzufügen. Was dies bedeutet, scheint sich im Lauf der Zeit gewandelt zu haben. Zur Zeit des Ost-West-Konflikts war die französische Nukleardoktrin auf die Zerstörung gegnerischer Städte und Industrieanlagen ausgerichtet. So sprach Präsident Charles de Gaulle 1961 mit Blick auf die angestrebte Atomwaffenkapazität von der Fähigkeit, 20 sowjetische Städte zu zerstören. In den 1970er-Jahren galt offenbar folgende Richtschnur: Das eigene nukleare Arsenal muss ausreichen, um 40 Prozent des sowjetischen Wirtschaftspotenzials diesseits des

---

46   Siehe Steve Cook/Andrew Futter, »Democracy versus deterrence: Nuclear weapons and political integrity«, in: *Politics*, 38 (2018) 4, S. 500–513 (502).

47   Siehe Hans M. Kristensen/Matt Korda, »French Nuclear Forces, 2019«, in: *Bulletin of the Atomic Scientists*, 75 (2019) 1, S. 51–55.

48   Siehe Bruno Tertrais, *French Nuclear Deterrence Policy, Forces and Future*, Paris: Fondation pour la Recherche Stratégique, Paris, Januar 2019, S. 31f.

Ural zu vernichten. In den 1980er-Jahren sprachen französische Präsidenten davon, die französischen Atomwaffen sollten in der Lage sein, 50 Prozent der sowjetischen Städte beziehungsweise 40 Städte zu zerstören.

Nach Ende des Ost-West-Konflikts hielten sich französische Offizielle mit solchen Aussagen zurück. Die Rede von der Zerstörung von Städten war nicht mehr zu hören, es blieb jetzt bei der Androhung eines inakzeptablen Schadens.[49] Als Ziele wurden und werden seitdem »politische, wirtschaftliche und militärische Nervenzentren« genannt. Diese Formulierung benutzte auch Präsident Emmanuel Macron in seiner Rede vom Februar 2020, in der er die Kernelemente der französischen Nukleardoktrin noch einmal öffentlich formulierte.[50]

Zu dieser Doktrin gehört auch die Idee einer »finalen Warnung«: die Option eines einzigen und einmaligen Einsatzes einer Atomwaffe, der dem Gegner die französische Entschlossenheit zur nuklearen Eskalation vor Augen führen und ihn zum Einlenken bewegen soll. Dieses strategische Element ist nicht im Sinne der vielfältig abgestuften Optionen zu verstehen, auf die die amerikanische Nukleardoktrin setzt. Nukleare Gefechte oder andere Formen einer graduellen Antwort sind nicht Bestandteil der französischen Nukleardoktrin. Auch das hat Präsident Macron noch einmal in seiner Rede deutlich gemacht, in der er die »europäische Dimension« der französischen atomaren Abschreckung hervorhob und die europäischen Partner zu einem strategischen Dialog über die Rolle der französischen Nuklearabschreckung im Rahmen der gemeinsamen Sicherheit einlud.

Mit der Betonung der »europäischen Dimension« der französischen nuklearen Abschreckung folgte Macron dem Beispiel

---

49   Ebd., S. 34–39.
50   Speech of the President of the Republic Emmanuel Macron on the Defense and Deterrence Strategy, 7.2.2020; <www.elysee.fr/en/emmanuel-macron/2020/02/07/speech-of-the-president-of-the-republic-on-the-defense-and-deterrence-strategy>.

früherer französischer Präsidenten. Diese haben sich ebenfalls in der Weise geäußert, ein militärischer Angriff gegen einen Mitgliedstaat der EU werde als Angriff auf die vitalen Interessen Frankreichs angesehen. Doch sind immer wieder Zweifel an der Glaubwürdigkeit einer solchen Art erweiterter französischer Nuklearabschreckung zu vernehmen, da Frankreich nicht über so vielfältige nukleare Optionen verfüge wie die USA. Allerdings ist die Frage, ob und unter welchen Bedingungen welche Art atomarer Abschreckung das Verhalten eines potenziellen Gegners beeinflusst, höchst spekulativ. Würde klargestellt, dass die wechselseitige Beistandsgarantie des Lissaboner Vertrags den Einsatz aller Mittel beinhalte, auch nuklearer, warum sollte diese Abschreckungsdrohung dann grundsätzlich weniger glaubwürdig sein als die amerikanische Bereitschaft, für die Verteidigung der baltischen Staaten notfalls die atomare Verwüstung der USA in Kauf zu nehmen? Solange französische Nuklearwaffen einem Aggressor immensen Schaden zufügen können, könnte sich dies auf seine Wahrnehmung auswirken. Was am Ende für die Abschreckung ausreicht, ist eine Frage, die nicht wirklich zu beantworten ist.[51]

Die NATO mag sich noch so sehr als »nukleares Bündnis« stilisieren; dies ändert nichts an einer Tatsache: Sicherheitspolitisch exponierte Nichtkernwaffenstaaten können nicht gänzlich ausschließen, preisgegeben zu werden, wenn es hart auf hart kommt. Zur Erinnerung: Während des Ost-West-Konflikts war das Glaubwürdigkeitsproblem erweiterter Abschreckung eine Frage, die die NATO immer wieder beschäftigte.[52] Bei den europäischen Verbündeten der USA, insbesondere der Bundes-

---

51 Siehe Bruno Tertrais, *The European Dimension of Nuclear Deterrence: French and British Policies and Future Scenarios*, Helsinki: FIIA, 2018; ders., »Will Europe Get Its Own Bomb?«, in: *The Washington Quarterly*, 42 (Sommer 2019) 2, S. 47–66.
52 Zur NATO-Strategie während des Ost-West-Konflikts siehe etwa Michael O. Wheeler, »NATO Nuclear Strategy, 1969–90«, in: Gustav Schmidt (Hg.), *A History of NATO – The First Fifty Years*, Bd. 3, Houndsmills 2001, S. 121–139.

republik, gab es immer wieder Zweifel an der Glaubwürdigkeit der nukleare Sicherheitsgarantie – oder wie es manchmal metaphorisch heißt: des nuklearen Schutzschirms. Schon der Begriff »Garantie« ist problematisch. Denn der Einsatz von Atomwaffen bleibt eine souveräne Entscheidung der USA, Frankreichs und Großbritanniens. Befürchtet wurde damals eine nukleare »Abkopplung« Europas. Demnach, so die Skeptiker, wären die USA unter den Bedingungen wechselseitiger Vernichtungsfähigkeit womöglich nicht bereit gewesen, ihre strategischen Atomwaffen einzusetzen, sofern eine Bedrohung durch die Sowjetunion nur Westeuropa gegolten hätte. Deutsche Entscheidungsträger mussten mit einem »Restzweifel« an der amerikanischen Bereitschaft zum Einsatz von Atomwaffen leben. Daran konnten weder multinationale Truppen entlang der deutsch-deutschen Grenze noch Tausende von amerikanischen Atomwaffen etwas ändern, die in Deutschland stationiert waren. Niemand in der NATO wusste damals, unter welchen Bedingungen und wann die USA, aber auch Großbritannien und Frankreich Nuklearwaffen einsetzen würden.[53] Und niemand weiß es heute.

2.3 Deutschland und die nukleare Teilhabe

Über die NATO und die nukleare Teilhabe ist Deutschland in die nukleare Abschreckungspolitik eingebettet. Die nukleare Teilhabe besteht auf deutscher Seite in der Fähigkeit, die in Deutschland gelagerten amerikanischen Atombomben einzusetzen. Dazu heißt es im Weißbuch zur Sicherheitspolitik von 2016: »Solange nukleare Waffen ein Mittel militärischer Auseinandersetzungen sein können, besteht die Notwendigkeit zu nu-

---

53   Siehe Andreas Lutsch, *Westbindung oder Gleichgewicht? Die nukleare Sicherheitspolitik der Bundesrepublik Deutschland zwischen Atomwaffensperrvertrag und NATO-Doppelbeschluss*, Berlin/Boston: Walter de Gruyter, 2020, S. 359.

klearer Abschreckung fort. Die strategischen Nuklearfähigkeiten der Allianz, insbesondere die der USA, sind der ultimative Garant der Sicherheit ihrer Mitglieder. Die NATO ist weiterhin ein nukleares Bündnis. Deutschland bleibt über die nukleare Teilhabe in die Nuklearpolitik und die diesbezüglichen Planungen der Allianz eingebunden. Dies geht einher mit dem Bekenntnis Deutschlands zu dem Ziel, die Bedingungen für eine nuklearwaffenfreie Welt zu schaffen.«[54] Und im Koalitionsvertrag von 2021 zwischen SPD, Bündnis 90/Die Grünen und FDP findet sich – ohne ausdrücklichen Bezug zur nuklearen Teilhabe – folgender Satz: »Solange Kernwaffen im Strategischen Konzept der NATO eine Rolle spielen, hat Deutschland ein Interesse daran, an den strategischen Diskussionen und Planungsprozessen teilzuhaben.« Und an anderer Stelle heißt es: »Wir werden zu Beginn der 20. Legislaturperiode ein Nachfolgesystem für das Kampfflugzeug Tornado beschaffen. Den Beschaffungs- und Zertifizierungsprozess mit Blick auf die nukleare Teilhabe Deutschlands werden wir sachlich und gewissenhaft begleiten.«[55]

In der öffentlichen Diskussion über die nukleare Abschreckung, soweit es denn eine gibt, lässt sich gelegentlich eine Überhöhung der nuklearen Teilhabe beobachten. Manchmal klingt es so, als ob Deutschland tatsächlich ein Mitbestimmungsrecht über den Einsatz der amerikanischen Atomwaffen habe. Deutschland kann den Abwurf von Atombomben durch deutsche Flugzeuge verweigern, aber nicht den US-Präsidenten davon abbringen oder dazu bringen, Atomwaffen einzusetzen.

Für die Bundesrepublik Deutschland hatte die nukleare Mitwirkung unter den Bedingungen des Ost-West-Konflikts eine

---

54 Die Bundesregierung, *Weissbuch 2016 zur Sicherheitspolitik und zur Zukunft der Bundeswehr,* Berlin 2016, S. 65.

55 *Mehr Fortschritt wagen. Bündnis für Freiheit, Gerechtigkeit und Nachhaltigkeit.* Koalitionsvertrag 2021 – 2025 zwischen der Sozialdemokratischen Partei Deutschlands (SPD), BÜNDNIS 90/DIE GRÜNEN und den Freien Demokraten (FDP), Zitate S. 145 und 149. <https://www.spd.de/fileadmin/Dokumente/Koalitionsvertrag/Koalitionsvertrag_2021-2025.pdf>.

große Bedeutung, nachdem die Beteiligung an einer kollektiven Atomstreitmacht politisch nicht realisierbar war.[56] Man kann die Nukleare Planungsgruppe als Camouflage der nuklearen Statusunterschiede innerhalb des Bündnisses bezeichnen oder als »Placebo« für Deutschland (so der frühere Verteidigungsminister Franz Josef Strauß im Rückblick). Die Möglichkeiten der Einflussnahme auf die nuklearen Entscheidungen der USA blieben gering. Das war den damals beteiligten Akteuren bewusst. Mehr jedoch war für die Bundesrepublik – das zentrale »Schlachtfeld« eines möglichen Krieges mit dem Warschauer Pakt – nicht zu erreichen.[57] Eine »gewisse Statusaufwertung« gegenüber anderen NATO-Mitgliedern konnte die Bundesrepublik darin sehen, zusammen mit den USA, Großbritannien und Italien zu den ständigen Mitgliedern der NPG zu gehören. Dazu kamen noch drei andere Staaten auf Rotationsbasis.[58] Wie 1969 vereinbart wurde, sollten im Krisenfall jene Staaten im Rahmen der Konsultationen besonderes Gehör finden, von deren Territorium die Atomwaffen abgefeuert würden und die die Einsatzmittel beziehungsweise die Gefechtsköpfe zur Verfügung stellten. Zudem gab es eine bilaterale amerikanisch-deutsche Konsultationsvereinbarung.[59] Eingebettet war die nukleare Teilhabe in die »Flexible Erwiderung« (*flexible response*) genannte Strategie. Diese sollte der Sowjetunion signalisieren, sie werde ihre konventionelle Über-

---

56   Mehr dazu bei Andreas Lutsch, »Merely ›Docile Self-Deception‹? German Experiences with Nuclear Consultation in NATO«, in: *Journal of Strategic Studies*, 39 (2016) 4, S. 535–558.
57   Siehe im Detail Dieter Krüger, »Schlachtfeld Bundesrepublik? Europa, die deutsche Luftwaffe und der Strategiewechsel der NATO 1958 bis 1968«, in: *Vierteljahrshefte für Zeitgeschichte*, 56 (2008) 2, S. 171–225 (218ff.).
58   Christoph Hoppe, *Zwischen Teilhabe und Mitsprache: Die Nuklearfrage in der Allianzpolitik Deutschlands 1959–1966*, Baden-Baden: Nomos, 1993 (Nuclear History Program), S. 367.
59   Siehe Helga Haftendorn, *Kernwaffen und die Glaubwürdigkeit der Allianz: Die NATO-Krise von 1966/67*, Baden-Baden: Nomos, 1994 (Nuclear History Program), S. 179; Andreas Lutsch, *Westbindung oder Gleichgewicht?* [wie Fn. 53, S. 67], S. 420ff., 429ff.

legenheit in Europa nicht nutzen können, ohne eine Eskalation zum Nuklearkrieg zu riskieren. Diese Strategie sah drei militärische Reaktionsformen vor: die Direktverteidigung gegen einen Angriff, die »vorbedachte Eskalation« (*deliberate escalation*), das heißt der selektive Einsatz nuklearer Waffen in Form eines Ersteinsatzes und notfalls eines Folgeeinsatzes, und schließlich die »allgemeine nukleare Reaktion« (*general nuclear response*).[60]

Ein zentraler Teil der Konsultationen in der NPG drehte sich um die Frage des Einsatzes von Atomwaffen zum Zwecke der Kriegsbeendigung, wobei die konkrete Zielauswahl den militärischen Zielplanern überlassen blieb.[61] Der Einsatz von Nuklearwaffen sollte ein politisches Signal aussenden, sollte Entschlossenheit demonstrieren. Gelegentlich wurde zwar auch die Option erwogen, von der Atomwaffe rein symbolisch Gebrauch zu machen, etwa durch eine Detonation in der Ostsee. Diese Reaktionsvariante wurde aber für zu leicht befunden. Die Sorge war, die Sowjetunion könne einen solchen Akt als Ausdruck einer am Ende doch fehlenden Entschlossenheit des Westens interpretieren. Daher kam nur ein Einsatz in Frage, der genügend Entschlossenheit zum Ausdruck brachte, aber nicht als Beginn eines massiven Atomwaffeneinsatzes misszuverstehen war und eine gewaltige Gegenreaktion hervorrufen würde. Die Ziele sollten vorzugsweise militärische sein, deren Ausschaltung auch eine gewisse Wirkung auf den Fortgang der gegnerischen Operationen hätte, zumindest dem Gegner Anlass gäbe, über die nächsten Schritte nachzudenken. Dabei ging es nicht um den Einsatz von Atomwaffen zum Zwecke der Kriegsführung und der Erringung eines militärischen Sieges, auch wenn dies mitunter so missverstanden werden konnte. Die Erwartung war, die So-

---

60   Siehe K.-Peter Stratmann, *NATO-Strategie in der Krise? Militärische Optionen von NATO und Warschauer Pakt in Mitteleuropa*, Baden-Baden: Nomos, 1981 (Internationale Politik und Sicherheit, Bd. 5), S. 59ff.
61   Dieser und der nächste Absatz stützen sich auf Quinlan, *Thinking about Nuclear Weapons* [wie Fn. 17, S. 53], S. 38ff. und S. 63–67.

wjetunion wäre als mutmaßlicher Aggressor am Ende weniger geneigt, die Bürde einer weiteren Eskalation auf sich zu nehmen. Diese Erwartung beruhte also auf der Annahme, Interessen und Entschlossenheit in einem solchen Krieg seien asymmetrisch verteilt, da die NATO lebenswichtige Interessen verteidigen würde.

Ein allianzpolitisch heikler und immer wieder kontrovers diskutierter Punkt war dabei die Frage, wo die Ziele liegen sollten, die gegebenenfalls mit Atomwaffen angegriffen werden sollten: auf dem Territorium der angegriffenen NATO-Staaten, auf dem Gebiet der osteuropäischen Warschauer-Pakt-Staaten oder gar auf dem Territorium der Sowjetunion? Der Einsatz von Atomwaffen galt als äußerstes Mittel, nicht als letztes in zeitlicher Bedeutung, sondern im Sinne des einzig noch verbleibenden, um einer Aggression Einhalt zu gebieten. »So spät wie möglich, aber so früh wie nötig«: Dieser wohl von deutscher Seite in der NPG immer wieder genannte Satz fasst den Kern des NATO-Nuklearkonzepts zusammen, wie es sich unter den Bedingungen der Ost-West-Konfrontation seit den späten 1960er-Jahren entwickelt hatte.[62]

Die »Provisorischen politischen Leitlinien für den anfänglichen defensiven taktischen Einsatz von Nuklearwaffen« aus dem Jahr 1969 und die »Allgemeinen Politischen Richtlinien« von 1986 waren Dokumente, in denen es um den Einsatz von Atomwaffen zu dem Zwecke ging, die Sowjetunion im Ernstfall zur Beendigung von Kriegshandlungen zu bewegen. Über die Interpretation der darin enthaltenen Leitlinien bestand indes keineswegs Konsens; zu unterschiedlich waren die Interessen zwischen den USA und den europäischen Verbündeten, namentlich Deutschland. Das deutsche Interesse war, die Lasten und Ri-

---

62   Der Ausdruck »so spät wie möglich, aber so früh wie nötig« findet sich auch im Weißbuch 1975/1976, siehe Stratmann, *NATO-Strategie in der Krise?* [wie Fn. 60, S. 70], S. 64.

siken, die mit dem Einsatz von Atomwaffen einhergingen, nicht allein auf deutsches Territorium zu beschränken.[63]

Vor dem Hintergrund des Ost-West-Konflikts hatte Deutschland schon aufgrund seiner geographischen Lage als Schlachtfeld einer militärischen Auseinandersetzung eigenständige Interessen, die es in der NATO durchzusetzen versuchte. Es ging insbesondere darum, die Planungen für den Einsatz taktischer Atomwaffen zu beeinflussen. Im Falle eines Krieges sollte der Schaden für die Bundesrepublik möglichst geringgehalten werden. So konnte Deutschland eine Einigung darüber herbeiführen, der zufolge die NATO keine Atomminen oder Waffen mit einer Sprengkraft von mehr als 10 Kilotonnen auf dem Territorium von NATO-Staaten einsetzen würde. Auch drängte die Bundesrepublik darauf, dass möglichst frühzeitig Waffen eingesetzt werden sollten, deren Reichweite über deutsches Gebiet hinausging.[64] Aus deutscher Sicht sollte so die »Ankopplung« an die strategischen Nuklearstreitkräfte der USA sichergestellt werden. Deutsches Abschreckungsdenken sah in Atomwaffen vor allem »politische Waffen«, das heißt, ihr erster Einsatz im Rahmen der sogenannten »vorbedachten nuklearen Eskalation« sollte eine politische Signalwirkung haben und so den Gegner von einem weiteren militärischen Vorgehen abbringen.[65] Charakteristisch für das deutsche strategische Denken im Ost-West-Konflikt wurde die »Trennung und Entgegensetzung von ›Abschreckung‹ und ›Verteidigung‹ bzw. ›Kriegsführung‹«.[66]

Die historische Erfahrung zeigt: Deutschland und die europäischen NATO-Staaten hatten nur eine reaktive Rolle, was die

---

63   Siehe Lutsch, *Westbindung oder Gleichgewicht?* [wie Fn. 53, S. 67], S. 400f.
64   Siehe Paul Buteux, *The Politics of Nuclear Consultation in NATO 1965–1980*, Cambridge u.a.: Cambridge University Press, 1983, S. 120f.
65   Siehe Paul Schulte, »Tactical Nuclear Weapons in NATO and Beyond: A Historical and Thematic Examination«, in: Tom Nichols/Douglas Stuart/Jeffrey D. McCausland (Hg.), *Tactical Nuclear Weapons and NATO*, Carlisle Barracks, PA: U.S. Army War College, 2012, S. 48.
66   Stratmann, *NATO-Strategie in der Krise?* [wie Fn. 60, S. 70], S. 16.

nuklearstrategischen Entscheidungen der USA anbetraf. Sie konnten versuchen, ihren Einfluss bei der Umsetzung dieser Entscheidungen geltend zu machen. Von wirklich »reziproker Konsultation« konnte nicht die Rede sein. Für die USA hatte die NPG zu Zeiten des Ost-West-Konflikts vor allem den Zweck, die Verbündeten über ihre oftmals einseitig gefassten Beschlüsse zu informieren und um Akzeptanz zu werben.[67]

Das dürfte heute kaum anders sein; doch ist dies von außen schwer zu beurteilen, da die Konsultationen der Geheimhaltung unterliegen und – wenn Klagen aus dem Bundestag zutreffen – auch der Verteidigungsausschuss nicht über den Inhalt der Beratungen in der NPG unterrichtet wird. Auch lässt sich nichts darüber sagen, ob die nukleare Mitwirkung Deutschlands einen besonderen informellen Zugang zu Informationen ermöglicht, die über die hinausgehen, die in der NPG ausgetauscht werden. Das in der deutschen Diskussion gelegentlich vorgebrachte Argument, die nukleare Teilhabe verschaffe Deutschland auf amerikanischer Seite besonderes Gehör, hält Hans Kristensen, einer der profiliertesten Nuklearwaffenexperten der USA, für »komplette Fantasie«.[68]

Ohnehin ist nicht recht ersichtlich, welches die besonderen deutschen Interessen und Ziele sind, die unter den heutigen Bedingungen im Rahmen der nuklearen Teilhabe geltend gemacht werden sollen, sei es mit Blick auf eine deklaratorische NATO-Nukleardoktrin, sei es mit Blick auf operative Fragen. Eine NATO-Nukleardoktrin ist für Außenstehende nicht zu erkennen und gibt es wohl auch nicht. Ebenfalls nicht zu erkennen

---

67   Buteux, *Politics of Nuclear Consultation* [wie Fn. 64, S. 72], S. 192–194 (Zitat S. 192).
68   »I've never heard anyone in the US Air Force, Strategic Command or Department of Defense say that they somehow take into consideration special German views about the use of nuclear weapons«, zitiert in Naomi Conrad/Nina Werkhäuser, »US Set to Upgrade Controversial Nukes Stationed in Germany«, Deutsche Welle, 26.3.2020; <www.dw.com/en/us-set-to-upgrade-controversial-nukes-stationed-in-germany/a-52855886>.

– oder zumindest in der öffentlichen Diskussion nicht präsent – sind zudem deutsche Vorstellungen zur Nuklearstrategie, insbesondere zur Entwicklung der Nuklearwaffenpolitik der USA. Da es keine öffentliche Erörterung eher operativer Fragen gibt, lässt sich auch nicht einschätzen, ob Deutschland etwa mit Blick auf die humanitär-völkerrechtliche Problematik eines Nuklearwaffeneinsatzes eigene Auffassungen einbringt. Die grundsätzliche Position der Nuklearwaffenstaaten der NATO und auch Deutschlands lautet: Bei einem Einsatz von Atomwaffen sei das Verhältnismäßigkeits- und Unterscheidungsgebot zu beachten. Offenbar hält man Einsätze von Atomwaffen für möglich, die diesen fundamentalen Prinzipien nicht widersprechen. Insofern gibt die sogenannte Taschenkarte *Humanitäres Völkerrecht in bewaffneten Konflikten* von 2008, in der die wichtigsten rechtlichen Regelungen zusammengefasst sind, ein Rätsel auf: Bei den Kampfmitteln, deren Einsatz deutschen Soldatinnen und Soldaten verboten ist, sind dort auch atomare Waffen aufgeführt.[69]

Gelegentlich findet sich auch das Argument, die Teilhabe ermögliche Deutschland die Mitsprache in der Frage, ob und wann Atomwaffen eingesetzt werden oder nicht.[70] Dieses Argument bezieht sich streng genommen auf Einsatzentscheidungen. Die Bundesregierung könnte in einem militärischen Konflikt den Einsatz atomwaffenfähiger deutscher Flugzeuge an das Vorliegen bestimmter Bedingungen knüpfen oder verweigern. Der Druck auf Deutschland, dem Drängen der USA und anderer Bündnispartner nachzugeben, wäre vermutlich hoch. Dies gilt zumal, da ein solcher schwieriger Konsultationsprozess dem Gegner signalisieren würde, dem Bündnis mangele es an Einigkeit und Entschlossenheit. Nur: Wenn die USA eskalieren wollen, verfügen

---

69   Bundesministerium der Verteidigung, R II, 3, Druckschrift Einsatz Nr. 03, *Humanitäres Völkerrecht in bewaffneten Konflikten* – Grundsätze, Juni 2008; <www.bits.de/public/documents/taschenkarte.pdf>.

70   So Claudia Major, »Germany's Dangerous Nuclear Sleepwalking«, *Strategic Europe*, Carnegie Europe (online), 25.1.2018.

sie über Optionen, die nicht vom Willensbildungsprozess in der NATO abhängen und militärisch effektiv sind. Der Einsatz von Flugzeugen mit Schwerkraftbomben von Stützpunkten im westlichen Europa ergäbe wohl nur in einem massiven militärischen Konflikt Sinn, in dem die russische Luftverteidigung bereits entscheidend geschwächt wäre.[71] Aus Sicht von Militärexperten hätte der F-35 mit seinen Stealth-Eigenschaften, für den sich Belgien, Italien, die Niederlande und mittlerweile auch Deutschland entschieden haben, eine höhere Überlebensfähigkeit, doch auch bei diesen Flugzeugen bliebe der Einsatz von Schwerkraftbomben mit Risiken verbunden. Aus militärischer Logik spricht daher einiges für luftgestützte Marschflugkörper, das heißt für Abstandswaffen, da sie eine größere Eindringfähigkeit gegen die russische Luftverteidigung haben.[72]

Andere Argumente, die Befürworter einer Fortsetzung der bisherigen Praxis der nuklearen Teilhabe anführen, richten sich eher auf die möglichen allianzpolitischen Folgen, sollte Berlin sich aus dem bestehenden Arrangement zurückziehen: Deutschland als wichtiges NATO-Mitglied habe eine besondere Verantwortung in dieser Frage. Sollte es, wie es manchmal heißt, aus der »nuklearen Risikoteilung« aussteigen, dann würden andere europäische NATO-Mitglieder nachziehen, in deren Ländern Atomwaffen auch nicht beliebt sind. Washington werde sich dann möglicherweise weigern, das nukleare Risiko allein zu tragen, das mit der nuklearen Schutzzusage verbunden ist. Und

---

71   Edmond Seay, »NATO's Incredible Nuclear Strategy: Why U.S. Weapons in Europe Deter No One«, in: *Arms Control Today*, 41 (November 2011) 9, S. 8–11; Steve Andreasen, »Rethinking NATO's Tactical Nuclear Weapons«, in: *Survival*, 59 (Oktober–November 2017) 5, S. 47–53.

72   Siehe Douglas Barrie/Bastian Giegerich, »Berlin and the Bomb«, Military Balance Blog, 20.3.2020; <www.iiss.org/blogs/military-balance/2020/03/germany-tornado-replacement-options>. Zur Problematik und zu den Vorteilen luftgestützter Abstandswaffen siehe Matthew Kroenig, *Toward a More Flexible NATO Nuclear Posture: Developing a Response to a Russian Nuclear De-Escalation Strike*, Washington, D.C.: Atlantic Council, November 2016.

die exponierten NATO-Staaten an der Ostflanke würden einen Ausstieg Deutschlands als Verletzung der Bündnissolidarität ansehen, eventuell auch einseitige Schritte unternehmen und die Zusicherungen infrage stellen, die die NATO Russland in der NATO-Russland-Grundakte von 1997 gemacht hat, nämlich auf dem Gebiet der neuen Mitgliedstaaten keine Nuklearwaffen und keine substanziellen Kampfverbände dauerhaft zu stationieren.[73]

Diese beiden Argumente zu den möglichen Folgen eines deutschen Verzichts auf nukleare Mitwirkung sind jedoch höchst spekulativ und weisen der nuklearen Mitwirkung Deutschlands eine geradezu essenzielle Bedeutung für die erweiterte atomare Abschreckung zu. Das nukleare Risiko für die USA besteht darin, dass am Ende eines nuklearen Eskalationsprozesses amerikanisches Territorium gefährdet sein könnte. Dieses Risiko lässt sich nicht dadurch mindern oder »teilen«, dass amerikanische Atombomben von Flugzeugen verbündeter Staaten abgeworfen werden. Wenn diese gegen Ziele in Russland eingesetzt werden, wäre eine im abschreckungstheoretischen Denken elementare Schwelle überschritten. Das zweite Argument scheint auf die Möglichkeit entweder bilateraler Vereinbarungen östlicher NATO-Mitgliedsstaaten mit den USA anzuspielen oder auf die Eventualität, besonders exponierte NATO-Staaten könnten Gefallen an eigenen Nuklearwaffen finden. Wie wahrscheinlich und realistisch solche Entwicklungen sind, wird dabei nicht diskutiert.

Operative Gründe dafür, warum amerikanische Schwerkraftbomben auch nach dem Ende des Kalten Krieges in Europa stationiert blieben, lassen sich schwerlich finden. Die Begründung war und ist vielmehr eine politische: als Ausdruck der amerikanischen Schutzzusage. Ein weiteres Argument, das man manchmal hört, ist ebenfalls politisch: Das Festhalten an der Stationierung

---

73   So Heinrich Brauß/Christian Mölling, *Germany's Role in NATO's Nuclear Sharing: The Purchasing Decision for the Tornado's Successor Aircraft*, Berlin: DGAP, Februar 2020 (DGAP Policy Brief, Nr. 04), S. 5.

eröffne die Möglichkeit, in einer Krise Signale der Entschlossenheit an den potenziellen Gegner auszusenden – durch den Beginn entsprechender Konsultations- und Entscheidungsprozesse im Bündnis.[74] Wie gelegentlich von amerikanischer Seite argumentiert wurde, bräuchte es die Arrangements zur nuklearen Mitwirkung nicht, wenn das Bündnis von Grund auf neu errichtet würde. Doch die Beendigung der Teilhabe hätte politisch eine nicht unerhebliche symbolische Wirkung, vergleichbar einer Situation, in der ein Ehepartner nach langen Jahren plötzlich seinen Ehering abnimmt.[75]

2.4 Erweiterte nukleare Abschreckung im heutigen Europa

In dem Szenarium, für das die amerikanischen Nuklearplaner mit Blick auf eine mögliche militärische Konfrontation in Europa Optionen vorhalten wollen, spielen die atomwaffenfähigen Flugzeuge der NATO-Partner keine nennenswerte Rolle. Die in den USA geführte Debatte über nukleare Abschreckung dreht sich, wenn es um konkrete Szenarien geht, vor allem um die baltischen Staaten und deren exponierte sicherheitspolitische Lage.[76] In den vielfach diskutierten Bedrohungsannahmen und Abschreckungsoptionen – das sei vorausgeschickt – wird kaum oder nur am Rande reflektiert, dass ein Vorgehen gegen

---

74 George Perkovich/Malcolm Chalmers/Steven Pifer/Paul Schulte/Jaclyn Tandler, *Looking Beyond the Chicago Summit: Nuclear Weapons in Europe and the Future of NATO*, Washington, D.C. u.a.: Carnegie Endowment for International Peace, April 2012, S. 8f.

75 Christopher Ford, *NATO, »Nuclear Sharing«, and the »INF Analogy«*, Washington, D.C.: Hudson Institute, 30.3.2011, <https://www.hudson.org/research/9106-nato-nuclear-sharing-and-the-inf-analogy->.

76 Als Überblick über zahlreiche Studien zur Sicherheitslage dieser Staaten siehe Viljar Veebel, »Researching Baltic Security Challenges after the Annexation of Crimea«, in: *Journal on Baltic Security*, 5 (2019) 1, S. 41–52.

die baltischen Staaten vielleicht gar nicht im russischen Interesse liegt und Moskau nicht wirklich ein ausreichendes Motiv hätte, in die baltischen Staaten einzumarschieren.[77] Laut einer 2017 erschienenen Analyse der amerikanischen Denkfabrik RAND weist nichts in der russischen Diskussion darauf hin, dass die baltischen Staaten als Teil der russischen Einflusssphäre betrachtet werden, zu deren Erhalt – wie im Falle der Ukraine und Georgiens – die russische Führung zum Einsatz von Gewalt und damit zur Konfrontation mit der NATO bereit sei.[78] Doch Abschreckungspolitik schaut weniger auf die politischen Absichten als auf die militärischen Fähigkeiten eines potenziellen Gegners.

Die östlichen NATO-Staaten können, so die verbreitete Wahrnehmung, auf zweifache Weise (militärisch) bedroht werden: zum einen auf eine subversive, hybride Art, bei der Russland offene militärische Gewalt vielleicht eher im Hintergrund androht als tatsächlich einsetzt oder sich stark auf irreguläre, eher mit Guerilla-Taktiken verbundene Instrumente stützt. Auf eine solche Form der Intervention, wie sie auf der Krim und im Osten der Ukraine zu sehen war, geben konventionelle Abschreckung und militärische Verteidigung nicht wirklich eine Antwort, zumal wenn sich die hybride Kriegführung auf Teile der einheimischen Bevölkerung stützen kann, im konkreten Fall auf die russische Bevölkerung.[79] Zum anderen könnte Russland schnell Gebiete besetzen, um Tatsachen zu schaffen, bevor die NATO zu reagieren in der Lage wäre. Die baltischen Staaten lassen sich mit den verfügbaren Kräften - so zumindest die Situationseinschätzung bis zu der im Frühjahr 2022 verstärkten NATO-Präsenz an der Ostflanke - nicht verteidigen; sie wären – wie es *War Games* auf

---

77   Zur Problematik siehe Michael J. Mazarr et al., *What Deters and Why: Exploring Requirements for Effective Deterrence of Interstate Aggression,* Santa Monica: RAND, 2018, S. 55–86.

78   Siehe Bryan Frederick et al., *Assessing Russian Reactions to U.S. and NATO Posture Enhancements,* Santa Monica, CA: RAND Corporation, 2017, S. XIff.

79   So Alexander Lanoszka, »Russian Hybrid Warfare and Extended Deterrence in Eastern Europe«, in: *International Affairs,* 92 (2016) 1, S. 175–195.

amerikanischer Seite nahelegen – in wenigen Tagen überrannt.[80]
Die NATO stünde vor der Wahl, sich auf einen Krieg einzulassen
oder den territorialen Ausgriff hinzunehmen. In beiden Fällen
sähe sich die NATO vor eine fundamentale politische Herausforderung gestellt, die ihren Zusammenhalt untergraben und die
Allianz in eine Krise stürzen könnte.[81]

Russland – so die Befürchtung – könnte sich im Verlauf eines
konventionellen Krieges zum Einsatz von Kernwaffen entschlie-
ßen, um eine Kriegsbeendigung zu erzwingen, bevor die USA
überlegene konventionelle Kräfte einsetzen.[82] Aufseiten der
NATO war dies unter den Bedingungen des Ost-West-Konflikts
eine Option im Rahmen der Strategie flexibler Erwiderung. Damit sollte der Sowjetunion vor Augen geführt werden, dass jeder konventionelle Angriff ein unkalkulierbares Risiko birgt. Seit
einigen Jahren ist in der amerikanischen Diskussion davon die
Rede, Russland verfolge eine ähnliche Strategie der »Eskalation
zur Deeskalation«. Es ist zwar strittig, ob dem so ist. Doch die
Hypothese dominiert die Szenarien, die der gegenwärtigen US-
Nukleardoktrin zugrunde liegen: Russische Truppen marschie-
ren in einen der baltischen Staaten ein, die NATO leistet mit konventionellen Mitteln hartnäckigen Widerstand, Russland zündet
eine Nuklearwaffe relativ niedriger Sprengkraft gegen NATO-
Truppen oder eine Luftwaffenbasis in einem NATO-Land. Moskau könnte so versuchen, eine Kriegsbeendigung zu erzwingen.
Vielleicht würde Russland derartige Nuklearwaffen weniger aus
»symbolischen« Gründen einsetzen, sondern schlicht mit Blick
auf konkrete militärische Ziele. Attraktive Ziele gibt es einige,

---

80   Siehe Dan De Luce, »If Russia Started a War in the Baltics, NATO Would
Lose – Quickly«, in: *Foreign Policy*, 3.2.2016.
81   Siehe etwa Martin Zapfe, »Deterrence from the Ground Up: Understanding
NATO's Enhanced Forward Presence«, in: *Survival*, 59 (2017) 3, S. 147–160.
82   Ausführlich zu dieser Problematik siehe Elbridge Colby, *The Role of Nuclear Weapons in the U.S.-Russian Relationship*, Washington, D.C.: Carnegie Endowment for International Peace, Task Force on U.S. Policy toward Russia, Ukraine,
and Eurasia Project, 26.2.2016 (Task Force White Paper).

schließlich konzentriert sich die Infrastruktur der NATO auf relative wenige Flughäfen und Kommandozentralen in Europa, darunter einige in Deutschland. Angriffe gegen solche Ziele könnten die konventionelle Kriegsführungsfähigkeit der NATO erheblich schwächen.[83]

Jedenfalls ist das alte Problem der sogenannten Abschreckung im Krieg (*intra-war deterrence*) unter neuen Bedingungen wieder aktuell geworden. Und Abschreckung im Krieg funktioniert in der traditionellen Logik der amerikanischen Nuklearstrategie nur dann, wenn man eigene glaubwürdige Optionen hat, die dem Gegner die Bürde einer weiteren Eskalation auferlegen. Sollte Russland im Verlauf eines konventionellen Krieges zu Atomwaffen greifen, dann – so die Sorge – habe die NATO keine glaubwürdigen Optionen: Flugzeuge mit Schwerkraftbomben würden kaum die russische Luftverteidigung überwinden; somit blieben der amerikanischen Seite nur die strategischen Nuklearwaffen, vor deren Einsatz große Scheu bestehen dürfte. Politisch könnte, so die Sorge, das Fehlen glaubwürdiger Alternativen zur Folge haben, dass die NATO sich im Falle eines russischen Einsatzes taktischer Atomwaffen auf eine Konfliktbeendigung einließe, statt einen nuklear geführten Krieg zu riskieren.[84]

In dem geschilderten Szenarium könnte die NATO auch auf eine nukleare Gegenreaktion verzichten, den Krieg mit konventionellen Mitteln fortsetzen – und Russland als denjenigen Staat brandmarken, der als erster nach 1945 Nuklearwaffen eingesetzt hat. Die USA wären im moralischen Vorteil, der Einsatz von Nuklearwaffen würde nicht gleichsam »normalisiert«. Doch eine solche Option wurde in *War Games* noch unter der Obama-

---

83   Siehe Clint Reach/Edward Geist/Abby Doll/Joe Cheravitch, *Competing with Russia Militarily: Implications of Conventional and Nuclear Conflicts*, Santa Monica: RAND Corporation, Juni 2021, S. 17-21.

84   Siehe Jüri Luik/Tomas Jermalavičius, »A Plausible Scenario of Nuclear War in Europe, and How to Deter It: A Perspective from Estonia«, in: *Bulletin of the Atomic Scientists,* 73 (2017) 4, S. 233–239.

Administration aus allianzpolitischen Gründen verworfen: Auch wenn eine atomare Gegenreaktion keinen militärischen Nutzen hätte, so würden die Verbündeten doch eine Demonstration nuklearer Entschlossenheit erwarten; denn ohne eine solche wäre die NATO am Ende und die amerikanische Glaubwürdigkeit erschüttert.[85]

Damit der Gegner gar nicht erst auf die Idee kommt, mit einem Verzicht auf eine nukleare Gegenreaktion zu rechnen, ergibt sich in der Logik erweiterter nuklearer Abschreckung die Notwendigkeit, im Konfliktfall über glaubwürdige begrenzte nukleare Optionen zu verfügen.[86] Nicht ohne Grund ist daher die alte Metapher von den »Sprossen auf der Eskalationsleiter« wieder *en vogue*. Die Glaubwürdigkeit einer Abschreckungsdrohung wird darin gesehen, für alle denkbaren Szenarien über nukleare Optionen zu verfügen, die proportional zu den Optionen des möglichen Gegners sind. In der Logik eines solchen Denkens ist das »Defizit« bei nicht strategischen Nuklearwaffen in Europa ein Problem. Das gilt aus dieser Sicht umso mehr, da Russland über eine relativ große Zahl nicht strategischer Atomwaffen verfügt und nach Einschätzungen auf amerikanischer Seite taktische Kernwaffen mit geringer Sprengkraft entwickelt.[87]

Die USA brauchen aus dieser Perspektive die Fähigkeit zum »begrenzten Nuklearkrieg« – um einen aus dem Kalten Krieg

---

85   Siehe Kaplan, *The Bomb* [wie Fn. 33, S. 22], S. 254–258.
86   Siehe Keir A. Lieber/Daryl G. Press, *Coercive Nuclear Campaigns in the 21st Century*, Monterey, CA: U.S. Naval Postgraduate School, The Center on Contemporary Conflict, Januar 2013. Oder wie es in einem anderen Bericht heißt, der dieser Logik folgt: Zum Zwecke der Eskalationskontrolle brauchen die USA »discriminate nuclear options at all rungs of the nuclear escalation ladder«. Clark Murdock et al., Project Atom. A Competitive Strategies Approach to Defining *U.S. Nuclear Strategy and Posture for 2025–2050, A Report of the CSIS International Security Program*, Lanham u.a.: Rowman & Littlefield, 2015, S. VI; ferner Elbridge Colby, *A Nuclear Strategy and Posture for 2030*, Washington, D.C.: Center for a New American Security, Oktober 2015.
87   Siehe Michael J. Frankel/James Scouras/George W. Ullrich, *Nonstrategic Nuclear Weapons at an Inflection Point*, Laurel, MD: The Johns Hopkins University Applied Physics Laboratory, 2017.

stammenden Begriff zu verwenden, der wieder im Schwange ist.[88] Sollte es mit Russland in Osteuropa (oder mit China im Pazifik) zu einem militärischen Konflikt kommen, in dem keine grundlegenden Interessen der USA auf dem Spiel stehen, müssen dieser Krieg begrenzt und die politischen Ziele möglichst durchgesetzt werden. Diese Sicht hat sich deutlich in der *Nuclear Posture Review* von 2018 niedergeschlagen, deren Veröffentlichung auch dazu dient, die Perzeptionen aufseiten möglicher Gegner zu beeinflussen. Diese, so die Absicht, müssen zur Erkenntnis gelangen, dass sie keinen Nutzen aus einer begrenzten nuklearen Eskalation ziehen können.[89] Die USA brauchen daher eine größere Bandbreite abgestufter nuklearer Optionen, darunter vor allem Atomwaffen mit relativ geringer Sprengkraft. Sie sind nötig, um das Glaubwürdigkeitsproblem zu reduzieren, das dem Einsatz strategischer Atomwaffen gegen einen Kontrahenten anhaftet, der zu atomaren Gegenschlägen in der Lage ist.

Dieser Logik entsprechend erlangen »kleinere« Atomwaffen mit begrenzter Sprengkraft Bedeutung in einer Strategie, die Eskalationskontrolle zum Ziel hat. Dafür sollen neue seegestützte Marschflugkörper und seegestützte ballistische Raketen mit Nukleargefechtsköpfen relativ geringer Sprengkraft bestückt werden. Die Stationierung von W 76-2-Sprengköpfen mit etwa sechs Kilotonnen TNT auf strategischen U-Booten hat begonnen; die

---

88   Im Sinne der folgenden Definition: »Limited nuclear war is a conflict in which nuclear weapons are used in small numbers and in a constrained manner in pursuit of limited objectives (or are introduced by a country or non-state actor in the face of conventional defeat).« Jeffrey A. Larsen, »Limited War and the Advent of Nuclear Weapons«, in: ders./Kerry M. Kartchner (Hg.), *On Limited War in the 21st Century*, Stanford, CA: Stanford Security Studies, 2014, S. 3–20 (S. 6, im Original kursiv).

89   Siehe hierzu Department of Defense, *Nuclear Posture Review* [wie Fn. 37, S. 61], S. VII, 30ff.

Sprengkraft liegt damit im Bereich der Hiroshima-Bombe.[90] Sie dienen erklärtermaßen auch der Stärkung der erweiterten Abschreckung. Ihr Einsatz erfordert aber nicht die Konsultation und Zustimmung der NATO-Verbündeten. Mit der Stationierung solcher Gefechtsköpfe wollen die USA sich Optionen für effektive, aber limitierte Erwiderungen eröffnen und dabei den Gegner im Ungewissen lassen, wo, wann und wie sie auf einen begrenzten Ersteinsatz nuklearer Waffen reagieren. Gleichzeitig soll ihm vor Augen geführt werden: Die Kosten sind unkalkulierbar. Gegen ballistische Raketen ist die russische Luftverteidigung machtlos. Anders als im Falle des Einsatzes luftgestützter Nuklearwaffen müssen die in Zukunft möglicherweise verbesserten russischen (aber auch chinesischen) *Anti-Access/Area-Denial-Forces* nicht erst massiv ausgeschaltet werden. Einen solchen Angriff gegen die Verteidigungssysteme würde ein Gegner unter Umständen nicht als begrenzt wahrnehmen.[91]

Neue Optionen dienen vor allem dem Wahrnehmungsmanagement; sie sollen dem Eindruck einer Asymmetrie zwischen Russland und der NATO entgegenwirken. Mit der Einführung dieser Waffensysteme soll die Glaubwürdigkeit der Abschreckung gestärkt und die nukleare Schwelle insofern erhöht werden, als potenzielle Gegner sich von einer begrenzten nuklearen Eskalation abhalten lassen. Sollte es jedoch zu einem militärischen Konflikt kommen, bleibt ein Problem in diesem Denken nicht gelöst: das der Kontrolle einer einmal begonnenen atomaren Eskalation.

---

90   Siehe William M. Arkin/Hans M. Kristensen, »U.S. Deploy New Low-Yield Nuclear Submarine Warhead«, Federation of American Scientists (online), 29.1.2020; Cheryl Rofer, »Low-Yield Nukes Are a Danger, Not a Deterrent«, *Foreign Policy* (online), 11.2.2020.
91   Siehe Department of State, Office of the Undersecretary of State for Arms Control and International Security, *Strengthening Deterrence and Reducing Nuclear Risks: The Supplemental Low-Yield U.S. Submarine-Launched Warhead*, Washington, D.C., 24.4.2020 (Arms Control and International Security Papers, Vol. I, Nr. 4), S. 5.

Eskalation ist ein zentraler Begriff im amerikanischen Abschreckungsdenken. Drei Typen lassen sich unterscheiden:

(1) Absichtliche oder vorbedachte (*deliberate*) Eskalation im vertikalen oder horizontalen Sinne. Das heißt, Intensität oder Ausdehnung eines Konflikts werden über eine als bedeutsam wahrgenommene Schwelle gesteigert, sei es in einem instrumentellen Sinne (um Vorteile zu erzielen oder eine Niederlage zu verhindern), sei es in einem kommunikativen Sinne (um Signale, etwa der Entschlossenheit, zu senden).

(2) Unbeabsichtigte (*inadvertent*) Eskalation. Damit sind Handlungen gemeint, die der Handelnde nicht als Eskalation verstanden wissen wollte, die aber der Gegner als solche wahrnimmt und die zu einer militärischen Eskalation führen.

(3) Akzidentelle (*accidental*) Eskalation, die das Ergebnis einer mit Fehlern behafteten Kriegsführung ist. Was der Gegner als Überschreiten einer bedeutenden Schwelle ansieht, ist jedoch subjektiv und mit Unsicherheit verbunden.[92]

Traditionell werden in der nuklearen Eskalationslogik zwei wichtige Schwellen angenommen: der Einsatz von Atomwaffen überhaupt und ihr Einsatz gegen Ziele auf dem Territorium des nuklear bewaffneten Gegners. Zu Zeiten des Ost-West-Konflikts war die Sensibilität für diese zweite Schwelle im amerikanischen Abschreckungsdenken sehr hoch. Damals boten sich gemäß der Eskalationslogik als Zwischenstufe atomare Angriffe auf die sowjetischen Militärstützpunkte in den Warschauer-Pakt-Staaten an. Heute gibt es eine solche Option nicht mehr. Im Ernstfall würde der Einsatz von Atomwaffen auch geringerer Sprengkraft gegen Ziele in Russland eine kritische Eskalationsschwelle überschreiten. Moskau könnte mit einem Atomangriff gegen amerikanisches Territorium antworten. Dieses Risiko könnte für die USA zu hoch sein, zumal dann, wenn der Kreml nach einem

---

92   Siehe Forrest E. Morgan et al., *Dangerous Thresholds. Managing Escalation in the 21st Century,* Santa Monica, CA: RAND Corporation, 2008, S. 7–33.

schnellen *Fait accomplis* deutlich signalisierte, er habe jenseits der baltischen Staaten keine weiteren offensiven Absichten. Der Einsatz von Atomwaffen gegen vorrückende russische Truppen auf dem Gebiet angegriffener NATO-Staaten wäre auch keine überzeugende Option, würde dies doch hohe Opfer unter der dortigen Zivilbevölkerung nach sich ziehen.[93] Soll sowohl ein Angriff gegen russisches Territorium als auch ein Einsatz auf Bündnisgebiet vermieden werden, käme vielleicht ein Atomwaffeneinsatz gegen russische Seestreitkräfte in der Ostsee in Frage. Einen solchen könnte die Gegenseite jedoch – wie schon zu Zeiten des Kalten Krieges diskutiert – als Ausdruck mangelnder Entschlossenheit interpretieren. Denn bei den skizzierten nuklearen Optionen eines Einsatzes von Waffen mit geringerer Sprengkraft geht es ja nicht in erster Linie um militärische Zwecke, nicht um Erfolgsverweigerung im herkömmlichen Sinne. Dafür bräuchte es einen derartigen Einsatz wohl nicht – wenn die Analyse stimmt, dass Atomwaffen militärisch nur zur Zerstörung gehärteter Ziele wie gegnerischer Atomwaffenarsenale und Kommando- und Kontrolleinrichtungen notwendig sind, die weit, das heißt mehr als 30 Meter unter der Erdoberfläche liegen.[94]

Die Erweiterung der nuklearen Optionen soll – das scheint die Erwartung auf amerikanischer Seite zu sein – eine größere Risikobereitschaft ermöglichen. Nukleare Abschreckung ist ein »Wettstreit in Risikobereitschaft« (*competition in risk-taking*): Dabei geht es um die Entschlossenheit, in einer sich zuspitzenden Krise Risiken einzugehen und einen Prozess voranzutreiben, dessen Ergebnis und Kosten nicht absehbar sind, deren Vermeidung aber im Interesse beider Seiten liegt. Ziel ist also, das beidseitige Interesse an der Vermeidung eines Atomkriegs zum eige-

---

93   Siehe Paul K. Davis et al., *Exploring the Role Nuclear Weapons Could Play in Deterring Russian Threats to the Baltic States*, Santa Monica: RAND, 2019, S. 83–90.
94   Siehe Adam Mount, »The Strategic Logic of Nuclear Restraint«, in: *Survival*, 57 (2015) 4, S. 53–76.

nen Vorteil zu nutzen.[95] Dieser Grundgedanke der Abschreckung (im Kriege), einst im Kalten Krieg formuliert, wird auch von der neuen Generation ziviler amerikanischer Nuklearstrategen vertreten, die an die alte Diskussion über »begrenzte Nuklearkriege« anknüpfen. Elbridge Colby, der als *Deputy Undersecretary of Defense and Strategy* an der *Nuclear Posture Review* unter Präsident Trump mitwirkte, hat dieses klassische Abschreckungsdenken wie folgt auf den Punkt gebracht: Die USA müssten über die Fähigkeiten und den Willen verfügen, in einem »Wettstreit im Spiel mit dem Feuer« (*competition in brinkmanship*) dem Gegner die Bürde einer weiteren Eskalation aufzuerlegen.[96]

Lässt sich ein Nuklearkrieg wirklich kontrollieren? Das glaubt auch so mancher Verfechter dieses Ansatzes nicht. Als Berichten zufolge der damalige Verteidigungsminister James Mattis in den Beratungen zur *Nuclear Posture Review* die Frage stellte, ob jemand dies für möglich halte, schüttelten die anwesenden Generäle den Kopf – und nur Elbridge Colby erklärte dies für denkbar. Sein Argument lautete: Die Seite, die für die Möglichkeit eines begrenzten Atomkriegs plane, sei im Vorteil gegenüber der, die nicht dafür plane. Russland scheine mit Blick auf einen begrenzbaren Atomkrieg zu planen, warum sollte es sonst so viele taktische Atomwaffen haben. Insofern komme es nicht darauf an, wie der damalige Vorsitzende der *Joint Chiefs of Staff*, General Dunford, den Gedanken weiterspann, ob die USA einen Nuklearkrieg für begrenzbar hielten, sondern ob die russische Führung dies glaube. Und deshalb müsse klar signalisiert werden, mit einer amerikanischen Gegenreaktion sei zu rechnen. Später rechtfertigte auch Verteidigungsminister Mattis vor dem Kongress die Notwendigkeit der Beschaffung von Gefechtsköpfen geringer Sprengkraft mit dem Argument, dass die Situation,

---

95   Dieses Verständnis von Abschreckung geht zurück auf Schelling, *Arms and Influence* [wie Fn. 4, S. 9].
96   Elbridge Colby, *Prevailing in Limited War*, Washington, D.C.: Center for a New American Security, August 2016, S. 26.

nur noch zwischen »Kapitulation oder Selbstmord« (*surrender or suicide*) wählen zu können, vermieden werden müsse.[97]

Das amerikanische Bemühen, sich erweiterte flexible Einsatzoptionen durch seestationierte Gefechtsköpfe geringer Sprengkraft zu verschaffen, ist abschreckungslogisch nicht unproblematisch. Es signalisiert, so Kritiker, einen Mangel an Entschlossenheit in Konflikten, die nicht grundlegende Interessen der USA berühren. Ein potenzieller Gegner wie Russland könnte aus der amerikanischen Suche nach flexiblen Optionen unterhalb der Schwelle eines strategischen Nuklearkrieges den Schluss ziehen, ein amerikanischer Präsident scheute am Ende davor zurück, eigenes Territorium für den Schutz etwa der baltischen Staaten zu riskieren. Wenn nukleare Abschreckung unter den Bedingungen wechselseitiger Verwundbarkeit immer auch ein »Wettstreit in der Risikobereitschaft«, ein *Chicken Game* ist, dann – folgt man dieser Logik – sind eingeschränkte Optionen eher der geeignete Weg, um dem Gegner entschlossene Risikobereitschaft zu signalisieren.[98]

Wenn US-Verteidigungsplaner nukleare Optionen unterhalb der Schwelle eines strategischen Nuklearkriegs suchen, lässt sich das heute wie auch während des Ost-West-Konflikts auf das aus amerikanischer Sicht verständliche Bemühen zurückführen, einen nuklearen Krieg, wenn möglich, auf das europäische Gefechtsfeld zu begrenzen. Genau dieser Zweck hatte damals gerade auch in Deutschland die Befürchtung hervorgerufen, die USA wollten sich »abkoppeln«. Während des Kalten Krieges hatten die amerikanischen Nuklearplaner die Möglichkeit, über den Atomwaffeneinsatz gegen sowjetische Militärstützpunkte in den osteuropäischen Warschauer Pakt-Staaten nuklear zu eskalieren, ohne sowjetisches Territorium anzugreifen und einen nu-

---

97 Zu den Beratungen innerhalb der Administration siehe Kaplan, *The Bomb* [wie Fn. 33, S. 22], S. 278–282.
98 So Erik Gartzke, »Why, in nuclear weapons policy, sometimes fewer options are better«, in: *Bulletin of the Atomic Scientist*s, 18.6.2020.

klearen Gegenschlag gegen amerikanisches Territorium zu provozieren. Heute mangelt es an solchen Zielen. Die Notlösung, auf die amerikanische Generäle in einem *War Game* verfielen, war der Einsatz gegen nicht näher genannte Ziele in Weißrussland.[99] Eine »Ankopplung«, auf die europäische Regierungen zu Zeiten des Kalten Krieges drängten, würde jedoch bedeuten: Russland müsste – wie einst die Sowjetunion – in einem militärischen Konflikt mit einer Eskalation rechnen, die zu inakzeptablen Kosten führt. Militärische Glaubwürdigkeit im Sinne des Erschließens von begrenzten nuklearen Optionen und politische Ankopplung stehen heute wie damals in einem Widerspruch.[100]

Nur ist die geopolitische Lage heute eine andere. Das Glaubwürdigkeitsproblem nuklearer Abschreckung im Falle einer russischen Aggression etwa gegen die baltischen Staaten wurzelt in dem Befund, dass die östlichen NATO-Staaten geopolitisch für die USA nicht von solch überragendem Interesse sind, das deren Verteidigung das Risiko eines auf die strategische Ebene eskalierenden Nuklearkrieges rechtfertigen würde.[101] Der Machtzuwachs Russlands wäre marginal. Ganz anders war dies unter den Bedingungen des Kalten Krieges, als eine sowjetische Kontrolle Westeuropas das geopolitische Kerninteresse der USA gefährdet hätte. Heute ist die Eroberung des westlichen Europas durch russische Truppen und damit die Veränderung des globalen Machtgleichgewichts kein nur irgendwie plausibles Szenarium. Die Bewahrung der NATO mag in einer Krise im Osten Europas Grund genug für die USA sein, den Einsatz zu erhöhen und nukleare Risiken in Kauf zu nehmen. In den baltischen Staaten scheint jedenfalls der Glaube an die erweiterte nukleare Ab-

---

99   Siehe Kaplan, *The Bomb* [wie Fn. 33, S. 22], S. 257.
100   Zu dieser Problematik im Kontext der Ost-West-Konfrontation siehe Jervis, *The Illogic of American Nuclear Strategy*, [wie Fn. 7, S. 49], S. 86–96.
101   Zu dieser skeptischen Sicht, was die Glaubwürdigkeit der amerikanischen Sicherheitszusage für die osteuropäischen NATO-Staaten angeht, siehe Joshua Shifrinson, »Time to Consolidate NATO?«, in: *The Washington Quarterly*, 40 (Frühjahr 2017) 1, S. 109–123.

schreckung auf der Erwartung zu beruhen, die USA seien um der Bewahrung der NATO willen zu einer atomaren Eskalation mit potenziell katastrophalem Ausgang bereit.[102]

Ob und wie ein solcher Ausgang sich verhindern und ein Atomkrieg begrenzen lässt, war schon unter den Bedingungen der Ost-West-Konfrontation ein Problem, auf das die Vertreter einer solchen Abschreckungsstrategie bis heute keine überzeugende Antwort haben außer der einen: über möglichst viele flexible Optionen zu verfügen. Diese Problematik wird in der *Nuclear Posture Review* von 2018 durchaus reflektiert, wenn es heißt: »Im Laufe der vergangenen sechs Jahrzehnte hat jede US-Administration nach flexiblen und begrenzten amerikanischen nuklearen Reaktionsoptionen verlangt, zum Teil zur Unterstützung des Ziels, Abschreckung nach ihrem möglichen Fehlschlag wiederherzustellen. Nicht weil die Wiederherstellung der Abschreckung sicher ist, sondern weil dies in manchen Fällen zu erreichen sein mag und zur Schadensbegrenzung, soweit dies machbar ist, für die Vereinigten Staaten, ihre Verbündeten und Partner beitragen könnte.«[103]

---

102   Siehe Viljar Veebel, »(Un)justified Expectations on Nuclear Deterrence of Non-nuclear NATO Members: The Case of Estonia and Latvia?«, in: *Defense & Security Analysis*, 34 (2018) 3, S. 291–309.
103   »Every U.S. administration over the past six decades has called for flexible and limited U.S. nuclear response options, in part to support the goal of reestablishing deterrence following its possible failure. This is not because reestablishing deterrence is certain, but because it may be achievable in some cases and contribute to limiting damage, to the extent feasible, to the United States, allies, and partners.« Department of Defense, *Nuclear Posture Review* [wie Fn. 37, S.61], S. 23.

3 Zur Legitimität nuklearer Abschreckung

Umstrittener könnte das Konzept nuklearer Abschreckung nicht sein. Für seine Apologeten ist die atomare Abschreckung ein Grundpfeiler internationaler Sicherheit. Die nukleare Abschreckung habe, so etwa NATO-Generalsekretär Jens Stoltenberg, seit 70 Jahren den Frieden in Europa gesichert.[1] Wenn Befürworter der nuklearen Abschreckung sich nicht weigern, über den Ernstfall nachzudenken, und sich nicht auf die Position zurückziehen, Atomwaffen seien »politische Waffen«, dann wird in der Regel behauptet, dass ein mit den Regeln des humanitären Völkerrechts konformer Einsatz möglich sei. Kritiker der nuklearen Abschreckung dagegen verweisen auf die Risiken und Instabilitäten des Abschreckungssystems. Für sie ist ein Einsatz von Kernwaffen rechtlich und moralisch nicht hinnehmbar; sie sind und bleiben aus dieser Sicht Massenvernichtungswaffen.

Wenn im Folgenden die Legitimität nuklearer Abschreckung diskutiert wird, dann geht es um die Frage: Gibt es genügend gewichtige Gründe, die dafür sprechen, dass nukleare Abschreckung sich als ein richtiges und angemessenes Instrument zur Gewährleistung von Sicherheit und Frieden rechtfertigen lässt? In dem mehrdimensionalen normativen Verständnis von Legiti-

---

1   »NATO's nuclear deterrent has preserved peace in Europe for more than seventy years.« Speech by NATO Secretary General Jens Stoltenberg at the 16th Annual NATO Conference on Weapons of Mass Destruction, Arms Control, Disarmament and Non-Proliferation, 10 Nov. 2020; <https://www.nato.int/cps/en/natohq/opinions_179405.htm>.

mität, das hier zugrunde gelegt ist, sind Legalität, Moralität und Effektivität die zentralen Kategorien.[2]

3.1 Legalität: Die rechtliche Dimension

Unter den Bedingungen des Kalten Krieges spielten humanitär-völkerrechtliche Erwägungen keine nennenswerte Rolle in der nuklearen Abschreckungspolitik. Ob in der Strategie »massiver Erwiderung« oder später im Konzept der »gesicherten Zerstö-rung« – stets gründete die Abschreckung auf der Drohung, die gegnerische Gesellschaft zu zerstören, auch wenn gelegentlich erklärt wurde, man nehme die sowjetische Bevölkerung »nicht als solche« ins Visier.[3] »Gesicherte Zerstörungsfähigkeit«, so die klassische Formulierung des damaligen Verteidigungsministers Robert McNamara aus dem Jahre 1967, bestand darin, auch nach einem gegnerischen Erstschlag in der Lage zu sein, dem Gegner »inakzeptablen Schaden« zuzufügen – und zwar in dem Maße, dass die gegnerische Gesellschaft »nicht mehr länger lebens-fähig wäre im Sinn des 20. Jahrhunderts«.[4] Konkret bedeutete dies die Vernichtung von mindestens 30 Prozent der Bevölke-rung, 50 Prozent der industriellen Kapazität und 150 Städten.[5]

---

2   Zu diesem komplexen Verständnis von Legitimität siehe Peter Rudolf, *Zur Legitimität militärischer Gewalt*, Bonn: Bundeszentrale für politische Bildung, 2017.

3   Siehe Charles H. Builder/Morlie H. Graubard, *The International Law of Armed Conflict: Implications for the Concept of Assured* Destruction, Santa Monica, CA: RAND Corporation, Januar 1982.

4   »[...] damaging the aggressor to the point that his society would be sim-ply no longer viable in twentieth-century terms. That is what deterrence of nuclear aggression means. It means the certainty of suicide to the aggressor, not merely to his military forces, but to his society as a whole.« »Mutual Deter-rence« Speech by Sec. of Defense Robert McNamara, San Francisco, 18.9.1967 <https://www.atomicarchive.com/resources/documents/deterrence/mcnamara-deterrence.html>.

5   Siehe Eric Schlosser, *Command and Control*, London: Penguin Books, 2013, S. 302.

In einem solchen Verständnis von Abschreckung war kein Platz für humanitär-völkerrechtliche Erwägungen. Dies änderte sich erst nach dem Ost-West-Konflikt, und zwar in erster Linie, weil die USA – wie andere Staaten auch – Mitte der 1990er-Jahre ihre Position vor dem Internationalen Gerichtshof darlegen mussten. Die Vollversammlung der Vereinten Nationen hatte diesen um ein Gutachten (*advisory opinion*) zu der Frage ersucht, ob die Androhung oder der Einsatz von Nuklearwaffen unter allen Umständen völkerrechtlich erlaubt sei.[6]

Wie nicht anders zu erwarten, lautet die grundsätzliche Position der drei Atommächte innerhalb der NATO: Der Einsatz von Nuklearwaffen ist nicht in jedem Fall völkerrechtlich verboten. Insbesondere für die USA ist eine juristische Begründung für den möglichen Rückgriff auf Atomwaffen aus dem eigenen Selbstverständnis als hegemoniale Hüterin einer regelbasierten Ordnung abschreckungspolitisch geboten, denn andernfalls würde die Glaubwürdigkeit ihrer Abschreckungsdrohung untergraben.[7]

Nuklearwaffen werden aus amerikanischer Sicht nicht als Waffen mit einzigartigen Eigenschaften bewertet, sondern eher als konventionelle Waffen mit größerer Sprengkraft. So wird bestritten, dem Einsatz von Atomwaffen sei eine unterschiedslose Wirkung inhärent. Die Annahme, jeder derartige Einsatz werde zu einem strategischen Atomkrieg führen, in dem Bevölkerungszentren zerstört werden, könne als extreme Spekulation nicht Grundlage für die rechtliche Bewertung sein. Die zielgenaue Verwendung von Kernwaffen mit geringer Sprengkraft gegen militärische Ziele könne dem Unterscheidungsgebot Genüge tun. Sicher habe der Gebrauch von Nuklearwaffen in einem Krieg

---

6   Siehe Theodore T. Richard, »Nuclear Weapons Targeting: The Evolution of Law and U.S. Policy«, in: *Military Law Review*, 224 (2016) 4, S. 862–978 (947ff.).

7   »Law-abiding States committed to nuclear deterrence as a means to international stability must maintain the position that nuclear weapon use is ultimately permitted by the law of war, or their deterrence policies will forsake credibility.« Lt. Col. Ted Richard/Sean Watts, »The International Legal Environment for Nuclear Deterrence«, *justsecurity.org*, 27.3.2017.

Auswirkungen auf die menschliche Gesundheit und die Umwelt, aber dies sei auch in konventionellen Kriegen der Fall. Wenn der Einsatz solcher Waffen grundsätzlich gegen das humanitäre Völkerrecht verstieße und sie prinzipiell nicht rechtmäßig eingesetzt werden könnten, dann wäre auch das System nuklearer Abschreckung juristisch schwerlich zu rechtfertigen. Die Rechtmäßigkeit nuklearer Abschreckung hängt von der Rechtmäßigkeit des Einsatzes von Kernwaffen ab: Das wurde in der amerikanischen Stellungnahme vor dem Gericht nicht infrage gestellt.[8]

Wie der Internationale Gerichtshof in seinem Gutachten von 1996 feststellte, wäre die Drohung mit einem rechtswidrigen Gewalteinsatz als eine rechtswidrige Drohung zu bewerten. Insgesamt vertrat er die Auffassung, Nuklearwaffen hätten einzigartige Eigenschaften, die ihren Einsatz potenziell katastrophal und in seinen zeitlichen und räumlichen Auswirkungen nicht begrenzbar erscheinen ließen, und der Einsatz von Kernwaffen unterliege dem humanitären Völkerrecht. Der Gerichtshof kam aber zu keiner Entscheidung darüber, ob der Einsatz von Atomwaffen geringer Sprengkraft und der Atomwaffengebrauch in extremen Selbstverteidigungsfällen rechtskonform sein könnten.[9]

Ein traditioneller völkergewohnheitsrechtlicher Rechtfertigungsstrang ist der Einsatz von Nuklearwaffen als Repressalie gegen den Einsatz dieser Art von Waffen eines anderen Staates. Solche Maßnahmen sind nach völkerrechtlichem Verständnis mit der Absicht durchzuführen, gegnerische Verstöße gegen

---

8   Siehe United States Department of State, Letter Dated 20 June 1995 from the Acting Legal Adviser to the Department of States, together with Written Statement of the Government of the United States of America (Before the International Court of Justice) <https://www.icj-cij.org/public/files/case-related/93/8804.pdf. > Kritisch dazu Dean Granoff/Jonathan Granoff, »International Humanitarian Law and Nuclear Weapons: Irreconcilable Differences«, in: *Bulletin of the Atomic Scientists*, 67 (2011) 6, S. 53–62.

9   International Court of Justice, *Legality of the Threat or Use of Nuclear Weapons*. Advisory Opinion of 8 July 1996 <https://www.icj-cij.org/public/files/case-related/95/095-19960708-ADV-01-00-EN.pdf>.

das Recht des bewaffneten Konflikts zu beenden, nachdem alle anderen Mittel zu diesem Zweck ausgeschöpft wurden, und sie müssen proportional zu dem rechtswidrigen Verhalten der anderen Seite sein. Nach amerikanischer Auffassung hängt es vom Einzelfall ab, wie Repressalien rechtlich zu bewerten sind. Nach dem ersten Zusatzprotokoll zu den Genfer Abkommen (1977) sind Angriffe gegen die Zivilbevölkerung als Repressalie verboten, doch die USA wie auch etliche andere Staaten erkennen die Regelungen in diesem Zusatzprotokoll nur im Hinblick auf den Einsatz konventioneller Waffen an (die USA haben das Protokoll nicht ratifiziert, Frankreich, Großbritannien, Deutschland und einige andere NATO-Staaten nur mit dem genannten Vorbehalt).[10]

Im *Law of War Manual* des amerikanischen Verteidigungsministeriums von 2016 wird die Begründung wiederholt, die der damalige Rechtsberater des US-Außenministeriums im Jahr 1987 abgegeben hat: Wenn die USA sich auf ein Verbot von Repressalien gegen Zivilisten verpflichten würden, könnte ein Gegner die amerikanische Zivilbevölkerung angreifen und den USA wäre rechtlich eine entsprechende Vergeltung untersagt. Damit entfalle ein »bedeutendes Abschreckungsmittel, das Zivilisten und Kriegsopfer auf allen Seiten eines Konflikts beschützt.« Das Verbot von Repressalien gegen Zivilisten im Ersten Zusatzprotokoll sei daher »kontraproduktiv«.[11] Der nach wie vor zu findende Rückgriff auf das Repressalienrecht passt jedoch nicht ganz zu der Aussage in der *Nuclear Employment Guidance*, die USA werden »die zivile Bevölkerung oder zivile Objekte nicht mit Absicht angreifen«. Diese Aussage ist auch in der Stellungnahme

---

10　Hierzu und insgesamt zur rechtlichen Problematik siehe Charles J. Moxley Jr./John Burroughs/Jonathan Granoff, »Nuclear Weapons and Compliance with International Humanitarian Law and the Nuclear Non-Proliferation Treaty«, in: *Fordham International Law Journal*, 34 (2011) 4, S. 594–696.
11　Siehe Office of General Counsel, *Department of Defense Law of War Manual*, Washington, D.C., Juni 2015 (aktualisiert Dezember 2016), S. 1115f. (»*significant deterrent that protects civilians and war victims on all sides of a conflict.*«)

der US-Regierung auf der Überprüfungskonferenz des Nuklea-ren Nichtverbreitungsvertrags im Jahre 2015 enthalten.[12]

Auf das Repressalienrecht wurde zu Zeiten des Ost-West-An-tagonismus auch in der deutschen Völkerrechtslehre rekurriert: »[A]n der grundsätzlichen Zulässigkeit des Einsatzes von Kern-waffen unter Berufung auf das Repressalienrecht ist nach dem gegenwärtigen Stand der Rechtsentwicklung nicht zu rütteln.« Und: »In diesem Rahmen ist daher auch die Abschreckungsstra-tegie völkerrechtlich unbedenklich. Mehr noch: sie entspricht sowohl dem Hauptziel der geltenden Völkerrechtsordnung, nämlich der Friedenserhaltung, als auch demjenigen des Re-pressalienrechts, das ja nicht vergelten, sondern Recht wahren will.«[13] Diese von einem zur damaligen Zeit bekannten Völker-rechtler artikulierte Position dürfte auch erklären, warum sich die Bundesrepublik zur Zeit des Ost-West-Konflikts sehr schwer mit der Ratifizierung des Zusatzprotokolls tat. Die Problematik lag darin, den Einsatz, gerade auch den Ersteinsatz nuklearer Waffen im Rahmen der NATO-Strategie, mit den, wie es in den 1980er-Jahren noch hieß, »kriegsrechtlichen Beschränkungen« in Einklang zu bringen.[14]

Unklar ist, welche Position die Bundesrepublik heute in der Frage hat, ob und unter welchen Voraussetzungen der Einsatz von Atomwaffen als Repressalie erlaubt ist. So heißt es im *Hand-buch humanitäres Völkerrecht* des Verteidigungsministeriums:[15]

---

12   Siehe Scott D. Sagan/Allen S. Weiner, »The Rule of Law and the Role of Strategy in U.S. Nuclear Doctrine«, in: *International Security*, 45 (Frühjahr 2021) 4, S. 126-166 (159). (»will not intentionally target civilian populations or civilian objects«)

13   Otto Kimminich, »Nuklearkrieg und nukleare Abschreckung im Völker-recht«, in: Böckle/Krell, *Politik und Ethik der Abschreckung* [wie Fn. 21, S. 56], S. 24-53 (Zitate S. 51f., 52).

14   Einblicke in die damaligen Diskussionen bei Rolf Zundel, »Atomkrieg per Vorbehalt? Juristenstreit um Paragraphen«, in: *Die Zeit*, 4.10.1985, S. 41.

15   Bundesministerium der Verteidigung, *Zentrale Dienstvorschrift: Humanitäres Völkerrecht in bewaffneten Konflikten*, Februar 2016, S. 62 <https://www.bmvg.de/resource/blob/93612/f16edcd7b796ff3b43b239039cfcc8d1/b-02-02-10-download-

»Die Bundesregierung und eine Reihe weiterer Staaten gehen davon aus, dass die vom I. Zusatzprotokoll zu den Genfer Abkommen eingeführten neuen vertraglichen Regeln nur für konventionelle Waffen gelten. Das schließt nicht aus, dass andere, insbesondere gewohnheitsrechtliche Regeln auf Nuklearwaffen Anwendung finden.« Offen bleibt an dieser Stelle, ob das Verbot von Repressalien gegen Zivilisten als Teil des Völkergewohnheitsrechts gilt. Dafür würde sprechen, dass die internationale Gemeinschaft solche Repressalien über die letzten Jahrzehnte verurteilt hat.[16]

Nach amerikanischer Auffassung, wie sie sich in den letzten Jahrzehnten herausgebildet und im *Law of War Manual* des Pentagons niedergeschlagen hat, gelten die grundlegenden kriegsvölkerrechtlichen Normen auch für den Einsatz von Kernwaffen (die Militärjuristen in den USA sprechen in der Regel vom Recht des Krieges oder dem Recht des bewaffneten Konflikts).[17] Die Nuklearplaner in den USA sind erklärtermaßen bemüht, im Falle des Scheiterns der Abschreckung Atomwaffen in einer Weise einzusetzen, die dem Kriegsvölkerrecht Genüge tut, vor allem dem Unterscheidungs- und dem Verhältnismäßigkeitsgebot. Danach müssen Kernwaffen gegen militärische Objekte gerichtet sein, und solche Angriffe dürfen nicht durchgeführt werden, wenn der zu erwartende unbeabsichtigte Schaden unter der Zivilbevölkerung »exzessiv« im Vergleich zum erwarteten militärischen Vorteil ist. Der »Kollateralschaden« unter der Zivilbevölkerung und an zivilen Objekten soll minimiert werden.[18] Die Zielpla-

---

handbuch-humanitaeres-voelkerrecht-in-bewaffneten-konflikten-data.pdf>.

16   Siehe Sagan/Weiner, »The Rule of Law and the Role of Strategy in U.S. Nuclear Doctrine« [wie Fn. 12, S. 96], S. 153-160).

17   Siehe *Department of Defense Law of War Manual* [wie Fn. 11, S. 95], S. 416 ff.

18   So heißt es in der Employment Guidance von 2013: »The new guidance makes clear that all plans must also be consistent with the fundamental principles of the Law of Armed Conflict. Accordingly, plans will, for example, apply the principles of distinction and proportionality and seek to minimize collateral damage to civilian populations and civilian objects. The United States will not

nung basiert dementsprechend auf einer *Counterforce*-Strategie. Das Prinzip der militärischen Notwendigkeit fehlt in der *Nuclear Employment Guidance*. Daher findet sich in der amerikanischen Diskussion die Forderung, dieses Prinzip in das Dokument aufzunehmen. Demgemäß sollen keine Kernwaffen gegen Ziele eingesetzt werden, die mit vernünftiger Erfolgsaussicht sich auch mit konventionellen Waffen ausschalten lassen.[19]

Der Begriff »legitimes militärisches Objekt« wird in einem sehr weiten Sinne verstanden, und es werden Schlupflöcher geschaffen: Selbst ein Einsatz mit Millionen von »Kollateralopfern« unter der Zivilbevölkerung ließe sich als Kriegsführung definieren, die kriegsvölkerrechtlich akzeptabel erscheint.[20] So gelten in der Sicht des amerikanischen Militärs nicht nur *War-supporting*, sondern zudem *War-sustaining Objects* als legitime Ziele, darunter auch solche wie etwa zivile Flughäfen, die später einmal zu militärischen Zwecken genutzt werden könnten.[21] Das ist ein deutlich weiteres und unter Völkerrechtlern umstrittenes Ver-

---

intentionally target civilian populations or civilian objects.« Department of Defense, *Report on Nuclear Employment Strategy* [wie Fn. 64, S. 35], S. 4f. Auch in der Nuclear Posture Review von 2018 [wie Fn. 37, S. 61] heißt es, die USA würden sich bei »Einleitung und Durchführung nuklearer Operationen« an das Recht des bewaffneten Konflikts halten (S. 23).

19   So Jeffrey G. Lewis/Scott D. Sagan, »The Nuclear Necessity Principle: Making U.S. Targeting Policy Conform with Ethics & the Laws of War«, in: *Daedalus*, 145 (Herbst 2016) 4, S. 62–74; ferner Brian Drummond, »UK Nuclear Deterrence Policy: An Unlawful Threat of Force«, in: *Journal on the Use of Force and International Law*, 6 (2019) 2, S. 193–241.

20   Hierzu und im Folgenden siehe Lewis/Sagan, »The Nuclear Necessity Principle« [wie Fn. 19, S. 98].

21   So heißt es im Law of War Manual: »Military action has a broad meaning and is understood to mean the general prosecution of the war. It is not necessary that the object provide immediate tactical or operational gains or that the object make an effective contribution to a specific military operation. Rather, the object's effective contribution to the war-fighting or war war-sustaining capability of an opposing force is sufficient. Although terms such as ›war-fighting,‹ ›war-supporting,‹ and ›war-sustaining‹ are not explicitly reflected in the treaty definitions of military objective, the United States has interpreted the military objective definition to include these concepts.« Office of General Counsel, *Department of Defense Law of War Manual* [wie Fn. 11, S. 95], S. 214.

ständnis eines effektiven Beitrags zu einer militärischen Handlung, als es der Wortlaut des Ersten Zusatzprotokolls zur Genfer Konvention nahelegt: Gemäß diesem Protokoll handelt es sich dann um ein militärisches Objekt, wenn von seiner Art, seinem Ort und seinem Zweck ein wirkungsvoller Beitrag zu militärischen Aktionen ausgeht und durch seine Zerstörung oder Neutralisierung im gegebenen Kontext ein definitiver militärischer Vorteil zu erwarten ist. Die beiden anderen Atommächte innerhalb der NATO, Frankreich und Großbritannien, folgen als Staaten, die das erste Zusatzprotokoll ratifiziert haben, in ihren Darlegungen diesem engeren Verständnis.[22]

Auch wenn geschützte Objekte nicht absichtlich angegriffen werden dürfen, gibt es laut dem *Joint Targeting Manual*, welches die *Joint Chiefs of Staff* der US-Streitkräfte 2013 veröffentlichten, Ausnahmen von dieser Regel. Der Einsatz von Gewalt, der ausschließlich (*solely*) Schrecken unter der Zivilbevölkerung verbreiten soll, ist diesem Regelwerk entsprechend nicht gestattet.[23] Das heißt wohl im Umkehrschluss: Gewalteinsätze, deren Nebenwirkungen diesem Zweck dienen, sind erlaubt.

Zusammengefasst weist die humanitär-völkerrechtliche Legitimation des Einsatzes von Nuklearwaffen, wie sie auf amerikanischer Seite vertreten wird, zwei Elemente auf, die das Universum von Zielen, die als legitim gelten, derart ausweiten, dass *Counterforce*-Angriffe mit einer hohen Zahl ziviler Opfer rechtlich unproblematisch werden. Alles scheint möglich, so-

---

22 Ein Überblick über die in einzelnen Staaten geltenden Regelungen ist zu finden in International Red Cross, IHL Database Custumorary IHL; <https://ihl-databases.icrc.org/customary-ihl/eng/docs/home>.
23 »Civilian populations and civilian/protected objects may not be intentionally targeted, although there are exceptions to this rule. Civilian objects consist of all civilian property and activities other than those used to support or sustain warfighting capability. Acts of violence solely intended to spread fear among the civilian population are prohibited.« Joint Chiefs of Staff, *Joint Targeting*, Joint Publication 3-60, 31.1.2013, S. A-2;<https://www.justsecurity.org/wp-content/uploads/2015/06/Joint_Chiefs-Joint_Targeting_20130131.pdf>.

lange Ziele angegriffen werden, die in einem sehr weiten Sinne als »militärisch« gelten, und wenn der Tod von Zivilisten nicht beabsichtigt, sondern eine – wenn auch absehbare – Nebenfolge ist. Diese Logik ist dieselbe, mit der im Zweiten Weltkrieg und besonders im Korea-Krieg massive Flächenbombardements und die Vernichtung ganzer Städte als vereinbar mit dem kriegsvölkerrechtlichen Unterscheidungsgebot gerechtfertigt wurden.[24]

Insgesamt lässt sich sagen: Die rechtliche Legitimierungsstrategie stellt auf den Einsatz einzelner Atomwaffen mit geringer Sprengkraft gegen militärische Ziele ab. Fraglich ist jedoch, ob ein solcher mit dem humanitären Völkerrecht vereinbar sein kann, da radioaktiver Fallout und Strahlung in ihren Folgen nicht kontrollierbar sind. Völlig außer Acht bleiben in diesem Rechtfertigungsansatz die kumulativen Wirkungen vielfacher »kleinerer« Atomwaffeneinsätze.[25]

Gewiss sind Schadensberechnungen für Nuklearkriegsszenarien mit Vorsicht zu betrachten. Doch sie vermitteln eine Ahnung dessen, was ein massiver Kernwaffeneinsatz an Opfern unter der Zivilbevölkerung mit sich bringen würde – auch wenn er sich »nur« gegen russische Atomwaffen und ihre Infrastruktur (darunter Kommando-, Kontroll- und Kommunikationssysteme) richten würde. Laut einer Schätzung, die auf dem angenommenen Einsatz von 1300 amerikanischen Sprengköpfen beruht, sei mit 8 bis 12 Millionen Toten unter der russischen Bevölke-

---

24   Dazu Sahr Conway-Lanz, »Bombing Civilians after World War II. The Persistence of Norms against Targeting Civilians in the Korean War«, in: Matthew Evangelista/Henry Shue (Hg.), *The American Way of Bombing: Changing Ethical and Legal Norms, From Flying Fortresses to Drones*, Ithaca, NY/London: Cornell University Press, 2014, S. 47–63.

25   Selbst wenn sich die Angriffe gegen militärische Ziele fern von Bevölkerungszentren richten, sei – so wurde argumentiert – von folgendem Grundsatz auszugehen: »... a presumption of illegality with regard to the use of such weapons outside populated areas.« Louis Maresca/Eleanor Mitchell, »The Human Costs and Legal Consequences of Nuclear Weapons under International Humanitarian Law«, in: *International Review of the Red Cross*, 97 (2015) 899, S. 621–645 (645).

rung und etlichen weiteren Millionen Geschädigten zu rechnen. Selbst die präzisesten Angriffe auf militärische Ziele führen unweigerlich zu hohen Opferzahlen unter der Zivilbevölkerung, nicht zuletzt wegen des radioaktiven Fallouts.[26]

Realistischerweise ist ein Einsatz von Nuklearwaffen ohne schwerwiegende humanitäre Folgen kaum vorstellbar. Die USA, aber auch andere Atommächte richten ihre Waffen vielleicht nicht mehr auf Städte als solche, doch ein auch auf militärische Ziele beschränkter Nuklearkrieg größerer Intensität hätte aller Voraussicht nach katastrophale Folgen. Und ein solches Szenario ist – wie ein amerikanischer Jurist, der jahrzehntelang im Außenministerium für die rechtlichen Aspekt von Rüstungskontrolle und Nichtverbreitung zuständig war, feststellte – der »harte Fall« eines nuklearen Szenariums, der »schwer, wenn nicht unmöglich mit dem humanitären Völkerrecht zu vereinbaren ist«.[27]

Hinzu kommen die klimatischen Folgen eines Atomkrieges. Die Diskussion darüber wurde in 1980er-Jahren unter dem Stichwort »nuklearer Winter« geführt und brach ab, als der Ost-West-Konflikt zu Ende ging. Das Szenarium eines atomaren Krieges, in dem Kernwaffenarsenale in der Größe von 5.000 Megatonnen zum Einsatz kämen, verlor an Plausibilität und politischer Relevanz, nicht zuletzt, weil sich die Zahl der Sprengköpfe und im Durchschnitt auch ihre Sprengkraft verringerten. Erst in den letzten 15 Jahren ist die Diskussion wieder in Gang gekommen. Sie stützt sich jetzt auf ausgearbeitete Klimamodelle, wie sie

---

26 Matthew G. McKinzie et al., *The U.S. Nuclear War Plan: A Time for Change*, New York: Natural Resources Defense Council, Juni 2001.

27 »Even if nuclear powers no longer target cities as such, large-scale nuclear war would still pose much the same risk of catastrophic loss of life and the devastation of human civilization. This nuclear scenario represents the »hard case« that is difficult if not impossible to reconcile with international humanitarian law.« Newell L. Highsmith, *On the Legality of Nuclear Deterrence*, Lawrence Livermore National Laboratory, Center for Global Security Research, April 2019 (Livermore Papers on Global Security no. 6), S. 62.

zur Einschätzung der globalen Erwärmung entwickelt wurden. Bereits ein »begrenzter« regionaler Atomkrieg, etwa zwischen Indien und Pakistan, in dem 50 Sprengköpfe vergleichbar der Hiroshima-Bombe zum Einsatz kämen, könnte katastrophale Konsequenzen für das Klima und damit auch die Nahrungsmittelproduktion haben. In einer Studie ist von der Möglichkeit die Rede, dass mindestens zwei Milliarden Menschen dem Risiko des Hungertods ausgesetzt wären. Die Auswirkungen des Einsatzes von Atomwaffen auf die Umwelt hängen wesentlich davon ab, in welchem Maße die Detonationen zu Bränden führen und damit die Atmosphäre und schließlich die Stratosphäre mit Rauch und Ruß belasten, der die Sonneneinstrahlung absorbiert. Die Folge wäre eine Erwärmung der Stratosphäre, möglicherweise auch eine massive Schädigung der Ozonschicht und damit eine erhöhte UV-Strahlung. Doch die verheerendsten Wirkungen würde die Abkühlung der Erdoberfläche nach sich ziehen, nämlich vermindertes Pflanzenwachstum und Ernteausfälle.[28]

Zwar schlug sich die Diskussion seit 2007 in Fachzeitschriften und auf internationalen Konferenzen zu den humanitären Folgen von Atomwaffeneinsätzen nieder, und manches blieb, was die klimatischen Folgen angeht, kontrovers.[29] In den USA wurde die Debatte jedoch von der Politik allgemein und speziell vom Verteidigungs- und vom Energieministerium weitgehend ignoriert. Die Theorie vom nuklearen Winter gilt offenbar als obsolet, wenn sie denn den heutigen Nuklearplanern überhaupt noch geläufig ist.[30] Ihre Kalkulationen lassen die Konsequenzen von

---

28   Zum Stand des Wissens siehe Seth D. Baum, »Winter-safe Deterrence: The Risk of Nuclear Winter and Its Challenge to Deterrence«, in: *Contemporary Security Policy*, 36 (2015) 1, S. 123–148; ferner Alan Robock/Owen Brian Toon, »Self-assured Destruction: The Climate Impacts of Nuclear War«, in: *Bulletin of the Atomic Scientists*, 68 (2012) 5, S. 66–74.
29   Siehe dazu Alexandra Witze, »How a Small Nuclear War Would Transform the Planet«, in: *Nature*, 579 (26. März 2020), S. 485-487.
30   Siehe Steven Starr, *Turning a Blind Eye towards Armageddon – U.S. Leaders Reject Nuclear Winter Studies*, Washington, D.C.: Federation of American Scien-

Nuklearwaffeneinsätzen für die Atmosphäre außer Acht – und das, obwohl nicht nur in dieser Hinsicht beträchtliche Unsicherheiten über die physikalischen Folgen von Atomwaffeneinsätzen bestehen. Das konstatieren mittlerweile auch Wissenschaftler, die keine atomwaffenkritische Agenda verfolgen.[31]

3.2 Moralität: Die ethische Dimension

Die nukleare Abschreckung ist nicht nur mit humanitär-völkerrechtlichen Problemen konfrontiert, sondern mit einem grundsätzlichen ethischen Legitimationsproblem.[32] Sie ist gedacht als Instrument zur Verhinderung eines Gewalteinsatzes, beruht aber auf der bedingten Absicht, massive Gewalt einzusetzen. Deren Ausmaß aber wäre nicht oder nur unter engen hypothetischen Voraussetzungen zu rechtfertigen, wenn man das Unterscheidungs- und das Verhältnisgebot als Maßstab nimmt. Beide Kriterien spielen nicht nur in der humanitär-völkerrechtlichen, sondern auch in der ethischen Diskussion eine zentrale Rolle. Die Abschreckungsdrohung beruht, so der grundlegende Einwand, in letzter Stufe darauf, unschuldigen Personen das Risiko ernsthaften Schadens aufzubürden. Sie werden zu Geiseln gemacht und einem bloßen Mittel degradiert.[33]

---

tists, 9.1.2017; Alan Robock, »Nuclear Winter Is a Real and Present Danger«, in: *Nature*, 473 (19.5.2011), S. 275f.

31 Siehe Michael Frankel/James Scouras/George Ullrich, *The Uncertain Consequences of Nuclear Weapons Use*, Laurel, MD: The Johns Hopkins University Applied Physics Laboratory, 2015, S. 8f., 37.

32 Als einen der wenigen jüngeren (Überblicks-) Beiträge siehe Martin Senn, »Nukleare (Ab) Rüstung: eine kritische Bestandsaufnahme ethischer Argumente«, in: Ines-Jacqueline Werkner/Klaus Ebeling (Hg.), *Handbuch Friedensethik*, Wiesbaden: Springer VS, 2017, S. 781–792.; vielfältige Aspekte der Thematik werden behandelt in Ines-Jacqueline Werkner/Thomas Hoppe (Hg.), *Nukleare Abschreckung in friedensethischer Perspektive*, Wiesbaden: Springer VS, 2019.

33 Im Detail zu diesen ethischen Problemen siehe Steven P. Lee, *Morality, Prudence, and Nuclear Weapons*, Cambridge: Cambridge University Press, 1993, S. 35–81.

Counterforce-Strategien werden als Ausweg aus dem moralischen Dilemma nuklearer Abschreckung propagiert. Wenn Atomwaffen sich so einsetzen lassen, dass Nichtkombattanten nicht absichtlich angegriffen werden und die Bevölkerung nicht als Geisel genommen wird, dann – so scheint es – verliert der grundsätzliche Einwand gegen nukleare Abschreckung seine Gültigkeit. Doch dem lässt sich entgegensetzen, dass ein rein gegen militärische Ziele gerichteter Einsatz von Kernwaffen abschreckungslogisch nicht wirkungsvoll sein könne. Würde man auf die Option verzichten, die Auseinandersetzung notfalls bis zur Zerstörung gegnerischer Städte zu eskalieren, würde man sich der Möglichkeit berauben, den Gegner während eines Krieges von einer Eskalation abzuhalten und so vielleicht den Krieg zu begrenzen. Dies ist eine der Erwartungen (im Jargon der Abschreckungstheoretiker ist die Rede von *Intra-war Deterrence*), die mit einer »Kriegsführungsabschreckung« verbunden sind. Der damalige US-Verteidigungsminister Harold Brown brachte dies 1979 so auf den Punkt: »[E]s ist zu jeder Zeit essenziell, die Option beizubehalten, städtisch-industrielle Ziele anzugreifen – sowohl als Abschreckungsmittel gegen Angriffe auf unsere eigenen Städte als auch als die finale Vergeltung, wenn dieses besondere Abschreckungsmittel fehlschlagen sollte.«[34]

Wer die genannten prinzipiellen Einwände gegen nukleare Abschreckung entkräften will, müsste zum einen plausibel nachweisen können, dass weder das Unterscheidungs- noch das Verhältnismäßigkeitsgebot im Rahmen einer *Counterforce*-Strategie verletzt werden und ein Atomkrieg in dem Sinne begrenzbar ist. Zum anderen müssten sich überzeugende Argumente dafür fin-

---

34   »[...] it is essential at all times to retain the option to attack urban-industrial targets – both as a deterrent to attacks on our own cities and as the final retaliation if that particular deterrent should fail.« Zitiert in: Daniel J. Arbess/Simeon A. Sahaydachny, »Nuclear Deterrence and International Law: Some Steps Toward Observance«, in: *Alternatives*, 12 (1987), S. 83–111 (90); zur Problematik insgesamt Lee, *Morality, Prudence, and Nuclear Weapons* [wie Fn. 33, S. 103], S. 66–175.

den lassen, dass die Drohung mit einem auf der letzten Eskalationsstufe unmoralischen Einsatz militärischer Gewalt nicht an sich unmoralisch ist.[35]

Gelegentlich ist in der ethischen Diskussion das Argument zu hören, der Einsatz von Kernwaffen ziele nicht absichtlich auf die Tötung von Nichtkombattanten. Wenn aber der strategische Zweck von Abschreckung die Androhung inakzeptabler Schäden ist, dann gehören dazu implizit auch Verluste unter der Zivilbevölkerung. So gesehen bemisst sich die Intentionalität am strategischen Zweck – das heißt nicht daran, ob Nuklearwaffen direkt gegen die Zivilbevölkerung gerichtet sind, sondern ob man deren Schädigung als zweckmäßig in Kauf nimmt.[36]

Befürworter nuklearer Abschreckung argumentieren insofern widersprüchlich, wenn sie sich auf die ethische Diskussion einlassen. Auf der einen Seite bestreiten sie den einzigartigen Charakter atomarer Waffen und postulieren, ihr Einsatz sei moralisch und humanitär-völkerrechtlich legitimierbar. Andererseits behaupten sie, die nukleare sei der konventionellen Abschreckung überlegen, weil erstere auf dem Risiko unkontrollierbarer Eskalation und der daraus erwachsenden Kosten beruhe.[37]

Inkohärent ist indes auch die Position, die sich im Zuge der letzten breiten öffentlichen nuklearethischen Debatte während der frühen 1980er-Jahre in den großen Kirchen herausgebildet hatte. Befürworter einer auf glaubwürdiger Fähigkeit zur Kriegsführung basierenden atomaren Abschreckung haben verschie-

---

35 Siehe dazu kritisch C. A. J. Coady, »Escaping from the Bomb: Immoral Deterrence and the Problem of Extrication«, in: Henry Shue (Hg.), *Nuclear Deterrence and Moral Restraint: Critical Choices for American Strategy*, Cambridge: Cambridge University Press, 1989, S. 163–225.

36 Siehe dazu John Finnis/Joseph Boyle/Germain Grisez, *Nuclear Deterrence, Morality and Realism*, Oxford: Clarendon Press, 1987, S. 92ff.

37 Siehe Lothar Waas, »Ethische Theorien und nukleare Abschreckungsstrategie: Möglichkeiten und Grenzen der moralischen Beurteilung«, in: Uwe Nerlich/ Trutz Rendtorff (Hg.), unter Mitwirkung von Lothar Waas, *Nukleare Abschreckung – Politische und ethische Interpretationen einer neuen Realität*, Baden-Baden: Nomos, 1989 (Internationale Politik und Sicherheit, Bd. 25), S. 655–688 (666).

dentlich darauf hingewiesen.[38] Unter den Bedingungen des Ost-West-Konflikts überwog in der katholischen Friedenslehre die Auffassung, nukleare Abschreckung könne auf begrenzte Zeit als Instrument der Kriegsverhütung hingenommen werden, sei aber wegen der Risiken und Kosten auf längere Sicht zu überwinden.[39] Die Position, nukleare Abschreckung könne bedingt hingenommen werden, war auch im westdeutschen Protestantismus im Anschluss an die sogenannten Heidelberger Thesen von 1959 vertreten.[40] Solche »interimsethische« Positionen setzen voraus, man könne zwischen der Abschreckungsdrohung und dem Einsatz von Kernwaffen trennen. Bedingt hinnehmbar war eine nukleare Abschreckungsdrohung mit dem alleinigen Ziel der Kriegsverhütung, (nahezu immer) verboten indes der tatsächliche Einsatz von Atomwaffen. Denn er könne dem Unterscheidungs- und dem Verhältnismäßigkeitsgebot nicht entsprechen.

Die bedingte Tolerierung atomarer Abschreckung im Sinne einer »Notstandsethik«[41] kam im Pastoralbrief der Nationalen Bischofskonferenz der USA und im Wort der Deutschen Bischofskonferenz »Gerechtigkeit schafft Frieden« deutlich zum Ausdruck – beide wurden 1983 vor dem Hintergrund heftiger Kontroversen über die Nuklearrüstung verfasst. Zu den Bedingungen für die zwischenzeitliche Hinnahme atomarer Abschreckung gehörten vor allem der Verzicht auf nukleares Überlegenheitsstreben, die Ausrichtung auf Kriegsverhütung und Stabilität

---

38   So Michael Quinlan, »Die Ethik der nuklearen Abschreckung. Eine Kritik des Hirtenbriefs der amerikanischen Bischöfe«, in: Nerlich/Rendtorff (Hg.), *Nukleare Abschreckung* [wie Fn. 37, S. 105], S. 195–220 (206ff.).

39   So zusammengefasst etwa in Deutsche Kommission Justitia et Pax, *Die Überwindung nuklearer Abschreckung – ein unaufgebbares Ziel der Friedenspolitik*, Bonn/Berlin, 20.2.2008.

40   Siehe Hans-Richard Reuter, *Recht und Frieden. Beiträge zur politischen Ethik*, Leipzig: Evangelische Verlagsanstalt, 2013, S. 107–121 (»Kriegsverhütung durch Kernwaffen? Leitkonzeptionen protestantischer Friedensethik in Deutschland von 1945 bis 1990«).

41   Der Begriff ist zu finden in Die deutschen Bischöfe, *Gerechtigkeit schafft Frieden*, Bonn: Sekretariat der Deutschen Bischofskonferenz, 1983, S. 36.

sowie die Vereinbarkeit mit dem Ziel der Abrüstung. Mit dem Ende des Ost-West-Konflikts entfielen die politischen Bedingungen, unter denen aus interimsethischer Sicht nukleare Abschreckung als bedingt hinnehmbar angesehen wurde, nämlich eine wahrgenommene Bedrohung durch ein totalitäres Sowjetregime. Die Überwindung atomarer Abschreckung durch Abrüstung rückte in den Mittelpunkt der friedensethischen Diskussion. Als Reaktion auf das Beharrungsvermögen des nuklearen Abschreckungssystems ist zumindest in den Stellungnahmen des Vatikans ein Abrücken von der Interimsethik klar zu erkennen.[42] Manche Äußerungen legen die Interpretation nahe, der Heilige Stuhl habe sich eine nuklearpazifistische Position zu eigen gemacht – allen voran die Aussage von Papst Franziskus im November 2017, die Androhung des Einsatzes und der Besitz von Atomwaffen seien entschieden zu verurteilen.[43]

In seiner Friedensdenkschrift von 2007 vertritt der Rat der Evangelischen Kirche in Deutschland in Abkehr von den Heidelberger Thesen die Haltung, die Drohung mit Nuklearwaffen könne »*heute nicht mehr* als Mittel legitimer Selbstverteidigung betrachtet werden«. Was daraus politisch folgt, bleibt jedoch strittig zwischen jenen, die eine vollständige nukleare Abrüstung fordern, und jenen, die an Abschreckung auch mit Kernwaffen festhalten wollen und eine atomwaffenfreie Welt für

---

42   Siehe Paolo Foradori, »The Moral Dimension of ›Global Zero‹: The Evolution of the Catholic Church's Nuclear Ethics in a Changing World«, in: *Nonproliferation Review*, 21 (2014) 2, S. 189–205, ferner Gregory M. Reichberg, »The Morality of Nuclear Deterrence. A Reassessment«, in: Mathias Nebel/ Gregory M. Reichberg (Hg.), *Nuclear Deterrence. An Ethical Perspective*, Chambésy: The Caritas in Veritate Foundation, 2015, S. 9–31. In dem Band sind auch die wichtigsten einschlägigen kirchlichen Dokumente abgedruckt.
43   Ansprache von Papst Franziskus an die Teilnehmer am Internationalen Symposium zum Thema Abrüstung, Rom, 10.11.2017. Zur Entwicklung in der Katholischen Soziallehre siehe auch Heinz-Günther Stobbe, »Das Ende der ›Frist‹: Die atomare Abschreckung im Licht der römisch-katholischen Soziallehre«, in: *Ethik und Militär*, 1/2020, S. 4–11.

unrealistisch und sogar instabil und gefährdet halten.[44] Welche Konsequenzen man auch immer zieht – die sogenannte nukleare Interimsethik, wie sie Anfang der 1980er-Jahre formuliert wurde, hat ihr Verfallsdatum überschritten.[45]

Die hier skizzierte ethische Argumentation in den Kirchen ist von der Tradition des »gerechten Krieges« (bellum iustum) geprägt. Wenn über die moralische Legitimität des Einsatzes militärischer Gewalt diskutiert wird, geschieht dies – ausgesprochen oder unausgesprochen, bewusst oder unbewusst – oft im Rückgriff auf diese häufig missverstandene, manchmal auch missbrauchte Tradition. Diese Tradition, gelegentlich auch als Lehre oder als Theorie bezeichnet, enthält einschränkende Kriterien für den Einsatz militärischer Gewalt; sowohl Prinzipien als auch Handlungsfolgen werden einer Beurteilung zugrunde gelegt. Jeder Einsatz militärischer Gewalt bedarf starker Rechtfertigungsgründe; es müssen zudem weitere Bedingungen für den Einsatz als äußerstem Mittel erfüllt sein, darunter die Verhältnismäßigkeit und die vernünftige Erfolgsaussicht, und militärische Gewalt – da hat die Tradition in das Völkerrecht ausgestrahlt – darf sich nicht gegen Nichtkombattanten richten.[46]

Nun kann man sich ganz von der Tradition des gerechten Krieges lösen und nukleare Abschreckung rein im Sinne einer konsequentialistischen Ethik bewerten, die Handlungen ausschließlich anhand ihrer Folgen beurteilt. Danach ist entscheidend, ob atomare Abschreckung mehr Schaden verhindert als ein Verzicht auf sie.[47] Nur sind solche Folgeneinschätzungen mit großer

---

44   Evangelische Kirche in Deutschland, *Aus Gottes Frieden leben – für gerechten Frieden sorgen. Eine Denkschrift des Rates der Evangelischen Kirche in Deutschland*, Gütersloh: Gütersloher Verlagshaus, 2007, S. 103f. (Zitat S. 103).

45   Laurie *Johnston*, »*Nuclear Deterrence: When an Interim Ethic Reaches Its Expiration Date*«, in: Political Theology Today (Blog), 9.5.2014.

46   Siehe Rudolf, *Zur Legitimität militärischer Gewalt* [wie Fn. 2, S. 92], S. 26ff.

47   Zu einer solchen Sicht siehe etwa Dieter Birnbacher, »Das moralische Dilemma der nuklearen Abschreckung«, in: *Analyse & Kritik*, 9 (1987), S. 175–192. Zu konsequentialistischen Argumenten für und wider nukleare Abschreckung siehe

Unsicherheit belastet. In der ethischen Debatte zur nuklearen Abschreckung, wie sie zur Zeit der Ost-West-Konfrontation geführt wurde, war deutlich zu erkennen, wie stark der Streit von empirischen Annahmen geprägt war, die mitunter den Charakter von Glaubenssätzen hatten. Eine konsequentialistische Bewertung krankt am »Problem der *Wahrscheinlichkeitseinschätzung von Ereignissen unter historisch kontingenten und komplexen Bedingungen«*.[48]

Traditionelle ethische Ansätze führen bei der Bewertung nuklearer Abschreckung in Aporien, also unlösbare Widersprüche.[49] Deshalb wurde vor einigen Jahrzehnten – noch unter den Bedingungen des ausklingenden Ost-West-Konflikts – die Überlegung ins Spiel gebracht, nukleare Abschreckung im Sinne einer ethischen Theorie der Kriegsverhinderung zu interpretieren, die auf die »Eliminierung des Krieges als politischer Option« zielt.[50] Diese Begründung hat eine entscheidende Voraussetzung: Nukleare Abschreckung könne über die antizipierte Möglichkeit wechselseitiger Vernichtung dauerhaft kriegsverhindernd wirken und militärische Optionen als Mittel der Politik zwischen Atommächten ausschalten. Doch die reale Entwicklung der Abschreckungspolitik, zumindest auf amerikanischer Seite, tendiert dazu, die Grundlage der postulierten friedensbewahrenden Wirkung zu unterminieren. Denn nukleare Abschreckungspolitik muss mit ihrem Versagen rechnen und deswegen nach offensiven schadensbegrenzenden Optionen suchen. Warum?

Joseph S. Nye, Jr., »Konsequentialistische Ethik und nukleare Abschreckung«, in: Nerlich/Rendtorff (Hg.), *Nukleare Abschreckung* [wie Fn. 37, S. 105], S. 635–654.
48   Waas, »Ethische Theorien und nukleare Abschreckungsstrategien«, in: Nerlich/Rendtorff (Hg.), *Nukleare Abschreckung* [wie Fn. 37, S. 105], S. 669 (Hervorhebung im Original).
49   Siehe dazu Trutz Rendtorff, »Überlegungen zur ethischen Interpretation der nuklearen Abschreckung«, in: Nerlich/ Rendtorff (Hg.), *Nukleare Abschreckung* [wie Fn. 37, S. 105], S. 715–730.
50   Uwe Nerlich/Trutz Rendtorff, »Die Zukunft der nuklearen Abschreckung. Einige Folgerungen für Theorie und Praxis«, in: Nerlich/Rendtorff (Hg.), *Nukleare Abschreckung* [wie Fn. 37, S. 105], S. 851–864 (863).

Zum einen, weil der Gegner sich nicht dauerhaft als rational kalkulierender Akteur erweisen könnte. Zum anderen, weil er rational kalkulierend in einer Krise das wechselseitige Interesse an der Vermeidung atomarer Zerstörung zu eigenem Vorteil zu nutzen sucht. Die Versuche, nukleare Abschreckung als Mittel der Kriegsverhinderung im Sinne einer ethischen Theorie zu rekonstruieren, stehen im Widerspruch zur realen Entwicklung nuklearer Abschreckungspolitik.

3.3 Effektivität: Die politische Dimension

Befürworter der nuklearen Abschreckung behaupten immer wieder, diese habe über Jahrzehnte den Frieden zwischen Ost und West gesichert. Deshalb sei sie auch in Zukunft ein Garant für die Abwesenheit von Krieg zwischen atomar bewaffneten Staaten oder Bündnissen. Doch die Rede vom »nuklearen Frieden« ist nicht mehr als eine spekulative Hypothese. Das Faktum, dass ein Krieg zwischen den damaligen Supermächten USA und Sowjetunion ausblieb, lässt sich auch anders erklären: So habe die territoriale Teilung des europäischen Kontinents ein solches Maß an wechselseitiger Sicherheit geschaffen, dass eine Veränderung des Machtgleichgewichts keinen entsprechenden Nutzen im Vergleich zu den Kosten selbst eines neuen großen konventionellen Krieges gebracht hätte.[51] Doch auch diese Erklärung ist eine kontrafaktische Spekulation.

Mit Gewissheit aber lässt sich sagen: Ein bewaffneter Konflikt zwischen Atommächten ist keineswegs ausgeschlossen. Dies zeigte sich zum einen 1969 im sowjetisch-chinesischen Grenzkonflikt, zum anderen 1999 im Kargil-Krieg zwischen Indien und

---

51   Siehe John D. Orme, »The War That Never Happened: Structure, Statesmanship, and the Origins of the Long Peace«, in: *Security Studies*, 10 (Sommer 2001) 4, S. 117–142.

Pakistan.[52] Von Krieg lässt sich nach den Kriterien einschlägiger Forschung deshalb sprechen, weil es zu mehr als 1000 Toten im Zeitraum eines Jahres kam. Pakistan begann diesen Krieg um die seit Jahrzehnten umstrittene Kaschmir-Region offensichtlich in der Erwartung, unter den Bedingungen wechselseitiger nuklearer Abschreckung einen begrenzten konventionellen Krieg zu eigenen Gunsten entscheiden zu können, da Indien vor einem größeren konventionellen Krieg mit nuklearem Eskalationsrisiko zurückscheuen würde. In der Forschung wird dieser Krieg im Lichte des sogenannten Stabilitäts-Instabilitäts-Paradoxons gedeutet. Danach kann Stabilität auf der nuklearstrategischen Ebene dazu führen, dass eine Seite begrenzte Gewalt in der Erwartung einsetzt, die andere Seite werde zurückhaltend reagieren, um einen Atomkrieg zu vermeiden.[53]

Rückblickend lässt sich von einer guten Portion Glück sprechen, dass es zwischen den USA und der NATO einerseits und der Sowjetunion andererseits nicht aufgrund von Fehlkalkulationen und Irrtümern zu einem unbeabsichtigten Einsatz von Nuklearwaffen kam.[54] Nicht Glück, sondern das Zusammenspiel menschlicher Klugheit und funktionierender Kontrollsysteme hat nach einer anderen Interpretation den Einsatz von Kernwaffen verhindert. Und selbst in der Kuba-Krise, in der dieser noch am ehesten möglich gewesen wäre, hätte nach dieser Sicht der

---

52   Für den sowjetisch-chinesischen Grenzkonflikt liegen keine verlässlichen Verlustangaben vor. Zu diesem Konflikt siehe Michael S. Gerson, *The Sino-Soviet Border Conflict: Deterrence, Escalation, and the Threat of Nuclear War in 1969*, Alexandria, VA: CNA, November 2010.
53   Siehe Benoît Pelopidas, »A Bet Portrayed as a Certainty: Reassessing the Added Deterrent Value of Nuclear Weapons«, in: George P. Shultz/James E. Goodby (Hg.), *The War That Must Never Be Fought. Dilemmas of Nuclear Deterrence*, Stanford, CA: Hoover Institution Press, 2015, S. 5–55 (11 ff.); Christopher J. Watterson, »Competing Interpretations of the Stability-Instability Paradox: The Case of the Kargil War«, in: *The Nonproliferation Review*, 24 (2017) 1–2, S. 83–99.
54   Siehe Patricia Lewis/Heather Williams/Benoît Pelopidas/ Sasan Aghlani, *Too Close for Comfort. Cases of Near Nuclear Use and Options for Policy*, London: Chatham House, The Royal Institute for International Affairs, April 2014.

Abschuss eines nuklearen sowjetischen Torpedos nicht notwendigerweise die Eskalation zu einem thermonuklearen Krieg bedeutet.[55] Ob Glück oder Klugheit – keineswegs war das Abschreckungssystem so stabil, wie es die Rede vom »Gleichgewicht des Schreckens« durch »wechselseitig gesicherte Vernichtungsfähigkeit« nahelegte. Auf beiden Seiten herrschte die Furcht, die andere Seite könnte in einer sich zuspitzenden Krise Zuflucht zu einem präemptiven Erstschlag gegen das Nuklearpotenzial des Kontrahenten nehmen.[56]

Das galt auch für die Zeit nach der Kuba-Krise, wenngleich die gelegentlich zu vernehmende Rede vom »langen Frieden« dank nuklearer Abschreckung anderes suggeriert. Wie sich im Herbst 1983 zeigte, können die Fehleinschätzung der gegnerischen Fähigkeiten und Intentionen sowie mangelnde Sensibilität für die Bedrohungswahrnehmungen der anderen Seite bewirken, dass die Situation sich ungewollt zuspitzt. Die amerikanische *Countervailing*-Strategie der späten 1970er-Jahre, die auf Enthauptungsschläge gegen die sowjetische Führung und gegen Kommandozentren ausgerichtet war, sowie die amerikanischen Spekulationen über einen gewinnbaren Atomkrieg und die Stationierung atomarer US-Mittelstreckensysteme nährten auf sowjetischer Seite die Befürchtung, die USA könnten einen überraschenden atomaren Erstschlag im Sinne haben. Anders als es die »Falken« in den USA mit ihren Warnungen vor einem »Fenster der Verwundbarkeit« glauben machen wollten, war es eher die sowjetische Führung, welche die eigene Verwundbarkeit fürchtete. Obgleich im Besitz von Tausenden Sprengköpfen und Trägersystemen, blieb die sowjetische Führung besorgt, ob sich die Stabilität des nuklearen Gleichgewichts bewahren, das heißt, ob sich die eigene Zweitschlagsfähigkeit gegen die USA

---

55   So Bruno Tertrais, »›On The Brink‹ – Really? Revisiting Nuclear Close Calls Since 1945«, in: *The Washington Quarterly*, 40 (2017) 2, S. 51–66.
56   Siehe etwa Bruce G. Blair, »Mad Fiction«, in: *The Nonproliferation Review*, 21 (2014) 2, S. 239–250.

aufrechterhalten ließe. Die Frühwarnsysteme waren in einem prekären Zustand, die nuklearen Kommando- und Kontrollsysteme galten als nicht verlässlich. Aus Sicht des sowjetischen Geheimdienstes, der – wie amerikanische Dienste auch – dazu neigte, die gegnerischen Fähigkeiten zu überschätzen, besaßen die USA mit ihrer Kombination nuklearer und neuer zielgenauer konventioneller Mittel die Fähigkeit, die sowjetischen Kommandozentren zu zerstören.[57]

Die sowjetische Furcht vor einem amerikanischen Präventivschlag spitzte sich im Herbst 1983 kurz vor der Stationierung atomarer Mittelstreckenraketen in Europa zu, als die NATO im November jenes Jahres die Nuklearübung *Able Archer* durchführte.[58] Doch am Ende bewertete die sowjetische Führung die westlichen Absichten zutreffend. Abgesehen von einigen Vorsichtsmaßnahmen, etwa die eigenen Kräfte in erhöhte Alarmbereitschaft zu versetzen, habe sie weiterreichende Schritte unterlassen, die in eine Krise hätten münden können – so lautete lange die Auffassung in der Forschung.[59] Mit der Veröffentlichung neuer, lange geheimer amerikanischer Dokumente Anfang 2021 wurde bekannt, dass sowjetische Flugzeuge in der DDR für den Einsatz von Atomwaffen vorbereitet und einige bereits mit Atombomben beladen wurden. Der Leiter der Nachrichtenabteilung der US Air Forces in Europa, Generalleutnant Leonard Perroots, interpretierte diesen ungewöhnlichen Schritt jedoch richtig – als Reaktion auf das NATO-Manöver – und riet davon ab, wie normalerweise üblich, mit ähnlichen Schritten zu antworten.[60] In einer lange als geheim eingestuften, 2015 ver-

---

57   Siehe Brendan R. Green/Austin Long, »The MAD Who Wasn't There: Soviet Reactions to the Late Cold War Nuclear Balance«, in: *Security Studies*, 26 (2017) 4, S. 606–641.
58   Siehe Nate Jones, *Able Archer 83. The Secret History of the NATO Exercise That Almost Triggered Nuclear War*, New York/London: The New Press, 2016.
59   Siehe Dmitry (Dima) Adamsky, »The 1983 Nuclear Crisis – Lessons for Deterrence Theory and Practice«, in: *Journal of Strategic Studies*, 36 (2013) 1, S. 4–41.
60   Siehe Nate Jones (Hg.) *Able Archer War Scare »Potentially Disastrous«,*

öffentlichten rückblickenden Einschätzung aus dem Jahr 1990 kam das *Foreign Intelligence Advisory Board* des US-Präsidenten zu dem Schluss, die amerikanischen Geheimdienste hätten die sowjetische Bedrohungswahrnehmung falsch beurteilt und die Furcht vor einem amerikanischen Präventivschlag nicht ernst genommen.[61] Daher hätten sie dem Präsidenten Analysen übermittelt, in denen die Risiken für die USA unterschätzt wurden.[62]

In einem Abschreckungssystem, wie es sich unter den Bedingungen des Ost-West-Konflikts entwickelte, ist der Gegner »zum ewig *potentiellen* Aggressor verurteilt«.[63] Ob er die ihm zugeschriebenen aggressiven Absichten hat, spielt keine Rolle mehr. Allein aufgrund seiner Fähigkeiten ist er eine Bedrohung. Denn Bedrohungsanalysen erfolgten allein auf der Grundlage gegnerischer Fähigkeiten und apolitischer Worst-Case-Analysen, die sowjetische Aggressivität voraussetzten. So lässt sich für die Jahre 1947–1953, als sich die Bedrohungsperzeptionen verfestigten, im Nachhinein keineswegs erkennen oder auch nur plausibel machen, dass die Sowjetunion willens oder in der Lage war, Westeuropa zu erobern.[64] Für die Behauptung, ohne nukleare

---

National Security Archive, Briefing Book No. 743, 17.2.2021; <https://nsarchive.gwu.edu/briefing-book/aa83/2021-02-17/able-archer-war-scare-potentially-disastrous>.

61 »We believe that the Soviets perceived that the correlation of forces had turned against the USSR, that the US was seeking military superiority, and that the chances of the US launching a nuclear first strike – perhaps under cover of a routine training exercise – were growing.« President's Foreign Intelligence Advisory Board, *The Soviet »War Scare«*, 15.2.1990, S. VII, <https://nsarchive2.gwu.edu//nukevault/eb b533-The-Able-Archer-War-Scare-Declassified-PFIAB-Report-Released/2012-0238-MR.pdf>. Siehe dazu auch Benjamin B. Fischer, »Scolding Intelligence: The PFIAB Report on the Soviet War Scare«, in: *International Journal of Intelligence and CounterIntelligence*, 31 (2018) 1, S. 102–115.

62 »In 1983 we may have inadvertently placed our relations with the Soviet Union on a hair trigger.« President's Foreign Intelligence Advisory Board, *The Soviet »War Scare«* [wie Fn. 61, S. 114], S. XII.

63 Dieter Senghaas, *Abschreckung und Frieden. Studien zur Kritik organisierter Friedlosigkeit*, 3. Aufl., Frankfurt a. M.: Europäische Verlagsanstalt, 1981, S. 87 (Hervorhebung im Original).

64 Siehe Michael MccGwire, »Appendix 2: Nuclear Deterrence«, in: *Interna-

Abschreckung wäre es zu einer sowjetischen Aggression gegen Westeuropa gekommen, fehlt, was die verfügbaren Quellen angeht, der empirische Nachweis.[65]

Zwar lassen sich in der Rückschau keine militärisch aggressiven Absichten der Sowjetunion und des Warschauer Paktes gegen das westliche Europa feststellen. Allerdings war die Militärplanung der Sowjetführung für den Fall eines Krieges, der nach ihrer Einschätzung vom kapitalistischen Westen drohte, auf eine offensive Kriegsführung ausgerichtet. Nie wieder sollte die Sowjetunion Opfer einer Invasion und Schauplatz eines Krieges sein. Der Krieg sollte auf dem Territorium des Feindes ausgetragen werden. Mit schnellen offensiven Operationen sollten die militärischen Kräfte der NATO zerschlagen und so der Krieg siegreich beendet werden. Dagegen hatten die USA und die NATO in ihren Militärplanungen nur die Wiederherstellung des territorialen Status quo ante zum Ziel, zumindest seit Mitte der 1950er-Jahre. Zuvor waren zwar noch der Sieg über die Sowjetunion und die Einsetzung eines anderen Regimes angestrebt worden, doch unter dem Eindruck der sowjetischen Nuklearrüstung rückte der Westen davon ab.[66] Einer Analyse im Auftrag des Pentagon aus dem Jahre 1995 zufolge, die sich auf Interviews mit ehemaligen sowjetischen Militärs und Militäranalysten stützte und erst im Jahre 2009 öffentlich zugänglich wurde, haben die USA die sowjetischen Intentionen vielfach falsch beurteilt. Die sowjetische Aggressivität wurde daher überschätzt und das Aus-

---

tional Affairs (London), 82 (2006) 4, S. 771–784.

65   Siehe Richard Ned Lebow, »Deterrence: Then and Now«, in: Journal of Strategic Studies, 28 (2005) 5, S. 765–773.

66   Siehe Beatrice Heuser, »Victory in a Nuclear War? A Comparison of NATO and WTO War Aims and Strategies«, in: Contemporary European History, 7 (1998) 3, S. 311–327. Siehe ferner Jan Hoffenaar/Christopher Findlay (Hg.), Military Planning for European Theatre Conflict during the Cold War. An Oral History Roundtable, Stockholm, 24–25 April 2006, Zürich: Eidgenössische Technische Hochschule, 2007.

maß, in dem die sowjetische Führung von einem Einsatz von Kernwaffen abgeschreckt war, unterschätzt.[67]

Während des Ost-West-Konflikts hat die beiderseitige Verwundbarkeit in Krisen mäßigend auf die amerikanischen und sowjetischen Führungen gewirkt. Alle billigten zwar nukleare Kriegsführungsstrategien, benutzten mitunter eine leichtfertige Rhetorik und scheuten auch vor Krisen nicht zurück, aber wenn es hart auf hart kam, wog die Last der Verantwortung schwer.[68] Die Existenz von Nuklearwaffen und die gewaltigen Folgen ihres Einsatzes legten unter den Bedingungen des Ost-West-Konfliktes Zurückhaltung nahe. Diese war ein Gebot der Klugheit – und hatte mit den ausgefeilten Abschreckungsstrategien wahrscheinlich wenig zu tun.[69] Doch ohne Nuklearwaffen hätte es wohl die gefährlichste Krise des Kalten Krieges nicht gegeben: die Kuba-Krise. Vielleicht auch nicht die Berlin-Krisen in den Jahren 1957 bis 1961, wenn es zutrifft, was heute vielfach angenommen wird, dass es aus sowjetischer Sicht darum ging, die befürchtete nukleare Bewaffnung der Bundeswehr zu verhindern.[70]

Insgesamt hat die nukleare Abschreckungspolitik den Ost-West-Antagonismus eher zementiert, denn sie verschärfte das Sicherheitsdilemma und heizte die Rüstungskonkurrenz an. Diese Konfliktdimension blieb akut, auch nachdem der geopolitische Kernkonflikt in Mitteleuropa durch die Etablierung

---

67   John Hines/Ellis M. Mishulovich/John F. Shulle, *Soviet Intentions 1965–1985, Bd. I: An Analytical Comparison of U.S.-Soviet Assessments During the Cold War* by BDM Federal, Inc., 22.9.1995, S. 68–71, <https://nsarchive2.gwu.edu/nukevault/ebb285/index.htm>.

68   Dazu am Beispiel Chruschtschows siehe Campbell Craig/Sergey Radchenko, »MAD, Not Marx: Khrushchev and the Nuclear Revolution«, in: *Journal of Strategic Studies*, 41 (2018) 1–2, S. 208–233; zur amerikanischen Seite siehe William Burr (Hg.), »U.S. Presidents and the Nuclear Taboo«, National Security Archive, 30.11.2017 (Briefing Book Nr. 611).

69   So Freedman/Michaels, *The Evolution of Nuclear Strategy* [wie Fn. 16, S. 53], S. 671.

70   So Francis J. Gavin, *Nuclear Weapons and American Grand Strategy*, Washington, DC: Brookings Institution Press, 2020, S. 9.

abgesteckter Einflusszonen entschärft war; endgültig war dies der Fall, als in den frühen 1960er-Jahren die Berlin-Frage ihr Krisenpotenzial verlor.[71] Selbst als die Sowjetunion unter Gorbatschow Schritte zur Entfeindung unternahm, hatte dies nur begrenzte Auswirkungen.[72] Erst als der geopolitische Konflikt und der Systemkonflikt beendet waren, wurde die Sowjetunion nicht mehr als Bedrohung wahrgenommen. Doch die atomare Abschreckung bestand weiter. Sie hatte ideologischen Charakter gewonnen, das heißt, sie bildete ein System von Annahmen, die dogmatischen Status innerhalb der Gruppe jener haben, die in diesem Konzept mit geradezu idealistischem Selbstverständnis einen Garanten des Friedens sehen.[73]

Nukleare Abschreckung ist ein Konstrukt, in welchem Annahmen, denen es an einer empirischen Grundlage fehlt, eine wichtige Rolle spielen.[74] So wird eine zentrale Frage, nämlich die nach der Glaubwürdigkeit, seit Jahrzehnten unterschiedlich beantwortet: Manche meinen, die Abschreckungsdrohung gegen einen nuklear gerüsteten Gegner wie Russland könne nur glaubhaft sein, wenn die USA über möglichst vielfältige abgestufte Optionen und Eskalationsdominanz verfügen. Andere glauben, in einer Situation wechselseitiger Verwundbarkeit wirke es abschreckend genug, wenn eine militärische Konfrontation das Risiko einer schwer kontrollierbaren Eskalationsdynamik mit unkalkulierbaren Kosten in sich birgt.[75]

---

71   Zu dieser Sicht siehe Richard Ned Lebow/Janice Gross Stein, *We All Lost the Cold War*, Princeton, NJ: Princeton University Press, 1994, S. 366ff.

72   Siehe Alan R. Collins, »GRIT, Gorbachev and the End of the Cold War«, in: *Review of International Studies*, 24 (1998) 2, S. 201–219.

73   In diesem Sinne James A. Stegenga, »Nuclear Deterrence: Bankrupt Ideology«, in: *Policy Sciences*, 16 (1983) 2, S. 127–145.

74   Siehe hierzu Jervis, *The Meaning of the Nuclear Revolution* [wie Fn. 83, S. 41], S. 182f.

75   Hierzu und im Folgenden siehe Jervis, *The Illogic of American Nuclear Strategy* [wie Fn. 7, S. 49], passim.

Diesen Glaubensstreit kann auch die quantitative Forschung zur Rolle von Nuklearwaffen und nuklearer Abschreckung nicht entscheiden helfen.[76] Konfrontationen zwischen nuklearbewaffneten Staaten (Indien-Pakistan) sind bislang nicht auf die nukleare Ebene eskaliert. Was sich noch als Ergebnis der Forschung erkennen lässt, ist der folgende Befund: Der Besitz von Kernwaffen garantiert keineswegs, dass sich ein Nichtkernwaffenstaat eines aggressiven Verhaltens enthält. Wie die Forschung zudem nahelegt, ist zwischen Nuklearstaaten die Wahrscheinlichkeit höher, dass Krisen unterhalb der Schwelle eines Krieges eskalieren – weil die Tendenz besteht, über eine risikobereite Politik das geteilte Interesse an der Vermeidung eines Nuklearkrieges zu manipulieren (eine höhere Wahrscheinlichkeit meint höhere Wahrscheinlichkeit im Verhältnis zu Staatenpaaren, die aus einem Kernwaffenstaat bestehen oder aus zwei Nichtkernwaffenstaaten). Doch über diesen Befund gibt es keine Einigkeit.[77]

Kontrovers sind auch die Befunde zur Frage, ob Nuklearwaffen sich nicht nur zur Abschreckung eignen, sondern auch als Zwangsmittel: Nein, so die eine Position, Atomwaffen taugen allenfalls zur Abschreckung, eignen sich aber nicht als Zwangsmittel. Drohungen von Nuklearwaffenstaaten sind danach nicht erfolgreicher als die Drohungen von Nichtkernwaffenstaaten.[78]

---

76   Daniel S. Geller, *Nuclear Weapons and International Conflict: Theories and Empirical Evidence*, Oxford Research Encyclopedia of Politics, Juli 2017. Als Überblicke siehe ferner Erik Gartzke/Matthew Kroenig, »Nukes with Numbers: Empirical Research on the Consequences of Nuclear Weapons for International Conflict«, in: *Annual Review of Political Science*, 19 (2016), S. 397-412; Molly Berkemeier/Matthew Fuhrmann, *Nuclear Weapons in Foreign Policy*, Oxford Research Encyclopedia of Politics, August 2017.

77   Siehe Robert Rauchhaus, »Evaluating the Nuclear Peace Hypothesis: A Quantitative Approach«, *in: Journal* of Conflict Resolution, 53 (April 2009) 2, S. 256-277; Mark S. Bell/Nicholas L. Miller, »Questioning the Effect of Nuclear Weapons on Conflict«, in: *Journal of Conflict Resolution*, 59 (2015) 1, S. 74-92.

78   So Todd S. Sechser/Matthew Fuhrmann, »Crisis Bargaining and Nuclear Blackmail«, in: *International Organization*, 67 (Januar 2013) 1, S. 173-195; dies., *Nuclear Weapons and Coercive Diplomacy*, Cambridge/New York: Cambridge University Press, 2017.

Ja, sagt, eine andere Position: In Krisen zwischen Nuklearwaffenstaaten stärkt eine numerische Überlegenheit die Entschlossenheit, Risiken einzugehen und so Erfolg zu haben.[79] Warum? Weil die Kosten eines Nuklearkrieges geringer als die des Gegners seien, wenn man mehr Gefechtsköpfe hat. Ein Verfechter dieser These illustriert das am Verhältnis USA-China: Die USA könnten mehr als 2.000 Gefechtsköpfe gegen China abfeuern, China dagegen habe nur etwa 65, die die USA erreichen könnten. China würde also bei einem nuklearen Schlagabtausch unverhältnismäßig mehr Kosten erleiden als die USA.[80]

Der Glaubensstreit über Sinn und Nutzen nuklearer Abschreckung setzt sich also auch in der Forschung fort.[81] So behauptet ein Wissenschaftler wie Matthew Kroenig, eine prominente Stimme in der gegenwärtigen amerikanischen Debatte, die nukleare Überlegenheit der USA sei ein Garant des Friedens und die amerikanischen Nuklearwaffen seien eine der »größten Kräfte des Guten in der Welt«, ja vielleicht »die zentrale Säule des regelbasierten internationalen Systems nach dem Zweiten Weltkrieg«. Doch dies ist nicht mehr als ein Glaubensbekenntnis.[82] Sicher ist nur: Nuklearwaffen haben die Sicherheitskonkurrenz zwischen Nuklearwaffenstaaten nicht wirklich gemäßigt, die Dy-

---

79   So Matthew Kroenig, »Nuclear Superiority and the Balance of Resolve: Explaining Nuclear Crisis Outcomes«, in: *International Organization*, 67 (Januar 2013) 1, S. 141-171; ders., *The Logic of American Nuclear Strategy: Why Superiority Matters*, Oxford/New York: Oxford University Press, 2018.

80   Kroenig, *The Logic of American Nuclear Strategy*, [wie Fn. 79, S. 119], S. 18ff.

81   Quantitativ-statistische Methoden helfen da, wie moniert wurde, nicht weiter, sie sind nicht »the best method for understanding complex, interactive political decisionmaking about issues of life and death where the most important Ns are 9 (states with nuclear weapons), 2 (atomic bombs detonated against other states), and 0 (thermonuclear wars)«. Gavin, *Nuclear Weapons and American Grand Strategy* [wie Fn. 70, S. 116], S. 70.

82   »I believe that US nuclear weapons have been one of the greatest forces of good in the world over the past three-quarters of a century. They are a (perhaps the) central pillar of the post-1945, rules-based international system.« Matthew Kroenig, Rejoinder: A nuclear exchange on survivable normative biases, in: *New Perspectives*, 28 (2020) 1, S. 123-127 (127).

namik von Macht und Gegenmachtbildung nicht gemildert, Rüstungskonkurrenzen nicht gebremst.[83] Das Vertrauen in die Stabilität des Abschreckungssystems, wie es sich in der Rede vom »nuklearen Frieden« äußert, beruht auf geradezu dogmatischen Annahmen. Nukleare Abschreckungspolitik muss mit ihrem Versagen rechnen. Die daraus resultierende Suche nach offensiven schadensbegrenzenden Optionen unterminiert nahezu zwangsläufig die Bedingungen, welche in der Logik wechselseitiger Verwundbarkeit als Grundlage strategischer Stabilität dienen.

---

83   Umfassend dazu Keir A. Lieber/Daryl G. Press, *The Myth of the Nuclear Revolution* [wie Fn. 88, S. 43]; Brendan Rittenhouse Green, *The Revolution that Failed: Nuclear Competition, Arms Control, and the Cold War*, Cambridge/New York: Cambridge University Press, 2020.

4 Folgerungen

Nuklearwaffen mit ihrem ungeheuren Vernichtungspotenzial haben eine neue Realität geschaffen. Sie stellen die traditionellen Vorstellungen eines Krieges infrage, in denen eine Seite bei allen Verlusten als Sieger hervorgehen konnte. Nukleare Abschreckung setzt darauf, niemand an der Spitze eines Staates werde sich so irrational verhalten, einen Prozess auszulösen, an dessen Ende die Zerstörung der eigenen Gesellschaft stehen könnte.[1]

Putins Krieg gegen die Ukraine hat die Frage aufgeworfen: Verhält sich der russische Präsident noch rational? War die Entscheidung, einen Angriffskrieg gegen die Ukraine zu beginnen, eher ein Ausfluss falscher Annahmen: einer völlig verzerrten Wahrnehmung der Situation in der Ukraine; einer Obsession mit einer Bedrohung, die von einer sich nach Westen orientierenden Ukraine ausgehen könnte; einer Fehleinschätzung der amerikanischen und europäischen Reaktionen? Oder ist Putin nicht mehr der machtpolitisch scharf kalkulierende Realpolitiker, der er war? Ein irrational handelnder Gegner stellt für das Abschreckungsdenken ein fundamentales Problem dar. Denn es muss damit gerechnet werden, dass er auch auf glaubwürdige Drohungen nicht vernünftig reagiert und – in die Enge getrie-

---

1 So wurde mit Blick auf die gemeinsame Aussage von Reagan und Gorbatschow im September 1987, ein Nuklearkrieg könne nicht gewonnen werden und dürfe niemals geführt werden, treffend bemerkt: »It was difficult to attach any rationality whatsoever to the initiation of a chain of events that could well end in the utter devastation of own's own society (even assuming indifference to the fate of the enemy society).« Freedman/Michaels, *The Evolution of Nuclear Strategy* [wie Fn. 16, S. 53], S. 668.

ben – risikobereit den Einsatz auch um den Preis eines Atom-krieges erhöht.[2]

Die Annahme rationalen, Kosten-Nutzen konsistent kalku-lierenden Handelns, die aus der ökonomischen Theorie über-nommen wurde, ist das »schwache Glied« in der nuklearen Abschreckungslogik.[3] Diese Rationalitätsannahme sieht sich in den Wirtschaftswissenschaften seit längerem durch die Verhal-tensökonomik herausgefordert, die psychologische und neuro-wissenschaftliche Erkenntnisse über tatsächliches menschliches Entscheidungsverhalten aufnimmt. Heuristiken (Faustregeln) und, damit verbunden, kognitive Verzerrungen bestimmen in starkem Maße das Denken, wie sie der mit dem Wirtschaftsno-belpreis ausgezeichnete Psychologe Daniel Kahnemann in sei-nem Buch »Schnelles Denken, langsames Denken« umfassend analysiert und beschrieben hat.[4] Menschen sind risikobereiter, wenn es darum geht, Verluste zu vermeiden, und risikoscheuer, wenn es um Gewinne geht. Menschen überschätzen ihre eigenen Stärken; sie neigen zu einem übermäßigen Optimismus und der »Illusion der Kontrolle«; sie tendieren dazu, das Verhalten ande-rer als Ausfluss ihres Charakters oder ihrer Natur zu sehen und sind nicht gut darin, ihr Verhalten und seine Wirkung auf andere einzuschätzen. Mit Blick auf diese psychischen Dispositionen kommen Daniel Kahneman und Jonathan Renshon in ihrem Ar-tikel *Why Hawks Win* zu dem Schluss: »eine Voreingenommen-heit zugunsten der Überzeugungen und Vorlieben der Falken

---

2   Siehe Edward Geist, »Is Putin Irrational? What Nuclear Strategic Theory Says About Deterrence of Potentially Irrational Opponents«, *The RAND Blog*, 8.3.2022.

3   Jeffrey W. Knopf/Anne I. Harrington/Miles Pomper, *Real-World Nuclear Deci-sion Making: Using Behaviorial Economics Insights to Adjust Nonproliferation and De-terrence Policies to Predictable Deviations from Rationality*. A Report on a Workshop Organized by the James Martin Center for Nonproliferation Studies, Monterey: The Center on Contemporary Conflict, Januar 2016, S. 4.

4   Daniel Kahneman, *Schnelles Denken, langsames Denken*, München: Siedler Verlag, 2012.

ist in die Struktur des menschlichen Geistes eingebaut.«[5] Das bedeutet: In Entscheidungsprozessen sind »Falken«, also Politiker, Beamte und Berater mit einer ausgeprägten Bereitschaft zum Einsatz militärischer Gewalt und starker Skepsis gegenüber Zugeständnissen an Gegner tendenziell im Vorteil gegenüber »Tauben«, die Zweifel am Nutzen militärischer Gewalt hegen und dazu tendieren, stärker auf Diplomatie zu setzen.

In Zweifel gezogen wird die rationale Abschreckungslogik auch durch Erkenntnisse aus den Neurowissenschaften und der evolutionären Psychologie, die die Forschung zu Wahrnehmungsverzerrungen stützen und die Rolle von Emotionen bei Entscheidungen in den Blick rücken.[6] Entscheidungen folgen nicht (immer) einer zweckrationalen Abwägung der Handlungsmöglichkeiten, sondern sind Ergebnis eines Wechselspiels von Verstand und Emotionen, von Emotionen wie Wut und Furcht. Diese sind den Handelnden nicht unbedingt bewusst, sondern beeinflussen vorbewusst Verhalten. Und hier kommt ins Spiel, was sich vielleicht als das Rationalitätsparadox atomarer Abschreckung bezeichnen lässt: Die Logik nuklearer Abschreckung beruht in letzter Konsequenz darauf, dass im extremen Fall eines nuklearen Erstschlages ein nuklearer Vergeltungsschlag folgen würde, auch wenn dieser bar jeder Zweckrationalität wäre, handelte es sich doch hierbei um massive Gewalt ohne direkten Nutzen. Eine solche irrationale Erwiderung mag jedoch glaubwürdig erscheinen, wenn man sie evolutionspsychologisch als extreme Form »vergeltender Aggression« (*retaliatory aggression*)

---

5   Daniel Kahneman/Jonathan Renshon, »Why Hawks Win«, in: Foreign Policy, Januar 2007, S. 44-48 (44); hier nach online-Version vom 13.10.2009; <https://foreignpolicy.com/2009/10/13/why-hawks-win/> (»a bias in favor of hawkish beliefs and preferences is built into the fabric of the human mind.«).

6   Siehe Bradley A. Thayer, »Thinking About Nuclear Deterrence Theory: Why Evolutionary Psychology Undermines Its Rational Actor Assumptions«, in: *Comparative Strategy*, 26 (2007) 4, S. 311-323; Thomas Scheber, »Evolutionary Psychology, Cognitive Function, and Deterrence«, in: *Comparative Strategy*, 30 (2011) 5, S. 453-480.

sieht und im Rahmen einer »Psychologie der Rache« versteht. In dieser evolutionären Perspektive ist Vergeltung als Instrument zur Abwehr von Gegnern ein Mechanismus, der sich als Selektionsvorteil erwiesen hat. Der Wunsch nach Rache und die damit verbundene Freude machen aus einer solchen Perspektive nukleare Vergeltungsdrohungen glaubwürdig, auch wenn eine solche Vergeltung nichts mehr am apokalyptischen Schaden ändert, den das eigene Land hinnehmen musste. So gesehen hat die Stationierung auch kleinerer Truppenkontingente in einem verbündeten Land eine besondere Abschreckungsfunktion: Der Tod eigener Landsleute kann den emotionalen Wunsch nach Rache auslösen.[7]

Politischen und militärischen Entscheidungsträgern fällt es nicht leicht, die nukleare Realität wechselseitiger Verwundbarkeit und die daraus sich ergebende strategische Interdependenz anzuerkennen. Dagegen regt sich »emotionaler Widerstand« – wie Steven Kull in seinem noch immer – ja gerade heute wieder – sehr lesenswerten Buch *Minds at War: Nuclear Reality and the Inner Conflicts of Defense Policymakers* schreibt. Darin wertet er viele Mitte der 1980er-Jahre geführte Gespräche mit Militärs, zivilen Sicherheitsexperten und Politikern in den USA aus.[8] Deutlich ist in dieser Untersuchung zu erkennen, wie stark auch unter den Bedingungen wechselseitiger nuklearer Vernichtungsfähigkeit die Beharrungskraft traditionellen militärischen Denkens geblieben ist. Sie äußert sich in dem, was der Politikwis-

---

7 »In short, despite arguments and assumptions that deterrence rests on assumed calculated rationality, the only truly credible aspect of deterrence lies in the authentic emotional power and psychological persuasion of the human drive for revenge in the face of violation or attack.« Rose McDermott/Anthony C. Lopez/Peter K. Hatemi, »›Blunt Not the Heart, Enrage It‹: The Psychology of Revenge and Deterrence,« in: *Texas National Security Review*, 1 (Dezember 2017) 1, S. 68-88 (73).

8 Steven Kull, *Minds at War: Nuclear Reality and the Inner Conflicts of Defense Policymakers*, New York: Basis Books, 1988, zusammenfassend S. 296-310, Zitat S. 299.

senschaftler Hans Morgenthau, einmal »The Fallacy of Thinking Conventionally About Nuclear Weapons« nannte: nämlich die »Konventionalisierung« nuklearer Kriegsführung.[9] Wurden, wie Steven Kull es schildert, die befragten sicherheitspolitischen Entscheidungsträger auf die Inkonsistenzen angesprochen, die sich aus der »Konventionalisierung« von Atomwaffen ergaben, verlagerten sich die Begründungen für eine auf flexible *Counterforce*-Optionen setzende Strategie auf eine andere Ebene: auf die Ebene von Perzeptionen, die beeinflusst werden müssen – Perzeptionen nicht nur aufseiten des Gegners, sondern auch aufseiten verbündeter Staaten und der eigenen Öffentlichkeit.[10] Nahezu alle Befragten räumten irgendwann ein, »angesichts der militärischen Realitäten der nuklearen Ära waren die Politiken, die sie vorschlugen, fragwürdig oder gar hinfällig.«[11] Doch fielen sie immer wieder in konventionelles Denken zurück und verdrängten das »zermürbende Bewusstsein der Verwundbarkeit«.[12]

Die Inkonsistenz des Abschreckungsdenkens kam damals und sie kommt heute wieder besonders deutlich zum Ausdruck, wenn es um die Frage geht, ob ein Atomkrieg kontrollierbar, ja gewinnbar ist. Einerseits soll der Eindruck erweckt werden, man rechne damit, ein Atomkrieg sei begrenzbar. Nur so lässt sich dem Gegner glaubwürdig signalisieren, man sei bereit, zur Verteidigung von Verbündeten Atomwaffen einzusetzen, ohne sich sogleich dem Risiko der Selbstvernichtung auszusetzen. Das soll die Glaubwürdigkeit einer Abschreckungsdrohung stärken und

---

9   Im Sinne der Idee, »a nuclear war can be fought in a conventional way, that is, to conventionalise nuclear war in order to be able to come out of it alive«. Hans J. Morgenthau, »The Fallacy of Thinking Conventionally about Nuclear Weapons«, in: David Carlton and Carlo Schaerf (Hg.), *Arms Control and Technological Innovation*, London: Croom Helm, 1977, S. 255–64 (256 and 258).
10   Kull, *Minds at War* [wie Fn. 8, S. 124], S. 298.
11   Kull, *Minds at War* [wie Fn. 8, S. 124], S. 305 (»given the military realities of the nuclear era, the policies they were proposing were questionable or even invalid«).
12   Kull, *Minds at War* [wie Fn. 8, S. 124], S. 306 (»unnerving awareness of vulnerability«).

das Problem der Selbstabschreckung mindern. Die Botschaft, ein Atomkrieg lasse sich kontrollieren, könnte andererseits die Gegenseite in ihrer Einschätzung bestärken (die der Sowjetunion unterstellt wurde beziehungsweise Russland unterstellt wird), ein begrenzbarer Atomkrieg sei möglich. Dies könnte die Abschreckung schwächen – wenn nicht mehr damit zu rechnen ist, dass es zwangsläufig zum Schlimmsten kommt.[13]

Die »Konventionalisierung« ist auch insofern eine Abwehr der Aporien atomarer Abschreckung, als damit der Anspruch einhergeht, Nuklearwaffen in humanitär-völkerrechtlich konformer und ethisch vertretbarer Weise einsetzen zu können. Die normativ begründete Kritik an der nuklearen Abschreckung, so die Behauptung, verliere ihre Gültigkeit, wenn Atomwaffen im Rahmen einer *Counterforce*-Strategie so zum Einsatz kommen, dass Zivilisten nicht mit Absicht angegriffen werden und Abschreckung die gegnerische Bevölkerung nicht als Geisel nimmt. Doch diese Argumentation ist widersprüchlich: Einerseits wird der einzigartige Charakter atomarer Waffen bestritten, wenn die Möglichkeit ihres ethisch und humanitär-völkerrechtlich zu rechtfertigenden Einsatzes behauptet wird. Andererseits heißt es, nukleare Abschreckung funktioniere, weil sie auf dem Risiko unkontrollierbarer Eskalation und unkalkulierbarer Kosten beruhe.

Eine andere Art, die unauflösbare Widersprüchlichkeit nuklearer Abschreckung zu verdrängen, ist die im deutschen sicherheitspolitischen Denken vorherrschende »Politisierung« von Nuklearwaffen: ihr Verständnis als »politische Abschreckungswaffen«. Dieses Verständnis und die Trennung von »Abschreckung« und »Kriegsführung« reichen zurück in die Jahre des Kalten Krieges, überdauerten diesen jedoch. So legte die damalige Bundesregierung 1995 in ihrer Stellungnahme vor dem Internationalen Gerichtshof dar, Nuklearwaffen seien nicht nur

---

13 Siehe Kull, *Minds at War* [wie Fn. 8, S. 124], S. 206.

ein Instrument der Kriegsführung, sondern ihr hauptsächlicher Zweck sei ein politischer – als Instrument der Kriegsverhütung.[14] Der Einsatz von Kernwaffen durch die NATO galt und gilt als ein sehr ferner, hypothetischer und möglichst wenig zu durchdenkender Fall.[15] Der Einsatz von Nuklearwaffen mag eine sehr entfernte Möglichkeit sein, aber er ist eine Möglichkeit. Nuklearwaffen wirken abschreckend nicht durch ihre bloße Existenz, sondern weil der potenzielle Gegner mit ihrem Einsatz rechnen muss.[16] Für eine »nukleare NATO« einzutreten und an der nuklearen Teilhabe festzuhalten, aber gleichzeitig mit dem Verweis, der Ernstfall eines Nuklearwaffensatzes sei eine entfernte Möglichkeit, einer konkreten Diskussion auszuweichen, ist zwar keine konsistente Position. Politisch verständlich ist sie aber schon. Atomwaffen als »politische Waffen« zu verstehen und Abschreckung und Kriegführung zu trennen ist im Grunde ein »Palliativ – ein Mittel, um Einwände und Besorgnisse ruhig zu stellen, weil eine adäquate Antwort auf sie offenkundig nicht möglich ist«.[17]

---

14 *Letter Dated June 20, 1995 from the Ambassador of the Federal Republic of Germany, together with Written Statement of the Government of the Federal Republic of Germany*, Den Haag, 20.6.1995, <https://www.icj-cij.org/files/case-related/95/8704.pdf>.

15 »Dabei hat das Nukleardispositiv der NATO eine zu allererst politische Rolle. Seine Kernaufgabe ist, Frieden zu erhalten, Zwang abzuwenden und Aggression abzuschrecken. Für die NATO ist der Einsatz von Nuklearwaffen ein extrem fernliegendes Szenario, seine Vermeidung Kerngedanke nuklearer Abschreckung«, Niels Annen, *Die Zukunft von Nuklearwaffen in einer Welt der Unordnung – Rede zur Einführung des Berliner Sicherheitsdialogs*, 17.10.2018, <www.auswaertiges-amt.de/de/newsroom/annen-berliner-sicherheitsdialog-nuklearwaffen/2150144>.

16 »We cannot say that nuclear weapons are for deterrence and never for use, however remote we judge the latter eventuality to be. Weapons deter by the possibility of their use, and by no other route. The concept of deterrence accordingly cannot exist solely in the present. It inevitably contains a reference forward to future action, however contingent«, Quinlan, *Thinking about Nuclear Weapons* [wie Fn. 17, S. 53], S. 26f.

17 Thomas Hoppe, »Nukleare Abschreckung in der Kritik politischer Ethik«, in: Werkner/Hoppe, *Nukleare Abschreckung* [wie Fn. 32, S. 103], S. 159-178 (163).

Bei der nuklearen Abschreckung handelt es sich um ein Konstrukt, ein System von nicht verifizierbaren Annahmen, das geradezu ideologischen Charakter hat.[18] Abschreckungspolitik beruht auf Axiomen, für die es keine empirische Evidenz im wissenschaftlichen Sinne gibt, sondern allenfalls anekdotische Evidenz, deren Interpretation also glaubensgeleitet ist. Der Glaube an die nukleare Abschreckung ist ebendies – ein Glaube.[19] Es ist, wie Christopher A. Ford, ein kluger Apologet atomarer Abschreckung es einmal ausdrückte, ähnlich wie die Pascal'sche Wette auf Gott (formuliert von dem Mathematiker und Philosophen Blaise Pascal, 1623-1662): Man sollte an Gott glauben, weil – sollte es ihn nicht geben – die Kosten, fälschlicherweise an ihn zu glauben, geringer seien als die Kosten, wenn man fälschlicherweise nicht an ihn glaubt. Abschreckung ist auch insofern ein Konstrukt, als Nuklearwaffenstaaten und andere glauben – oder zumindest so tun, als ob sie daran glaubten –, dass nukleare Abschreckung funktioniere, und danach handeln, als ob dies der Fall sei.[20] Ja, die politischen und militärischen Führungen eines Nuklearwaffenstaates können die Logik nuklearer Abschreckung (öffentlich) nicht infrage stellen, denn dann würde der potenzielle Gegner die Entschlossenheit zur nuklearen Ver-

---

18   Siehe Sam Matullo, »The Ideological Nature of Nuclear Deterrence: Some Causes and Consequences«, in: *The Sociological Quarterly*, 26 (Herbst 1985) 3, S. 311-330; James F. Doyle, »The inhumanity of nuclear deterrence«, in: *Bulletin of the Atomic Scientists*, 75 (2019) 2, S. 85-91.
19   Siehe Carina Meyn, Realism for nuclear-policy wonks, in: *The Nonproliferation Review*, 25 (2018) 1-2, S. 111-128 (126ff.).
20   »Even if we believe in nuclear deterrence only in the same sense that Pascal famously suggested one should believe in God that is, because the cost of doing so in error is lower than the cost of *not* doing so in error I'd say we have every reason to keep on believing.« [...] »All nuclear weapons possessors in the real world and a good many of their friends and allies seem to *think* deterrence works, and they indeed have long *acted* as if it does.« Christopher Ford, Senior Director for WMD and Counterproliferation, National Security Council, »Conceptual Challenges of Nuclear Deterrence«, Hudson Institute, 9.5.2012; <https://www.hudson.org/research/9036-conceptual-challenges-of-nuclear-deterrence#>.

geltung bezweifeln.[21] Erst nach dem Ausscheiden aus dem Amt ist gelegentlich erkennbar, wie hoch mancher die Risiken eines Nuklearkrieges und damit die Kosten nuklearer Abschreckung einschätzt. So wurde William Perry, der über Jahrzehnte in der einen oder anderen Form an der Nuklearpolitik der USA mitgewirkt hatte, zuletzt Mitte der 1990er-Jahre als Verteidigungsminister unter Präsident Clinton, zu einem Verfechter der Abschaffung nuklearer Waffen. Ein Nuklearkrieg großen Ausmaßes würde – so Perry – zur »Zerstörung unserer Zivilisation« führen, im schlimmsten Falle zur »Auslöschung der menschlichen Spezies«.[22]

Geht es nach den Apologeten nuklearer Abschreckung, so ist diese trotz ihrer Risiken auf »Ewigkeit« angelegt. Eine Welt ohne Nuklearwaffen scheint jenseits des Denkhorizonts, sei es, weil sie als unmöglich zu erreichen gilt; sei es, weil sie als nicht erstrebenswert, als zu gefährlich gilt. Mehr als die Bewahrung prekärer strategischer Stabilität ist jenseits des Denk- und Wünschbaren.[23]

Mittlerweile ist der »unbeugsame Glaube an die Wirksamkeit der nuklearen Abschreckung« wie nie zuvor normativ herausgefordert: durch den Kernwaffenverbotsvertrag.[24] Von den Atommächten (und auch den NATO-Staaten ohne eigene Kernwaffen) unisono abgelehnt, hat diese Initiative an Dynamik gewonnen.

---

21   Sam Matullo, »The Ideological Nature of Nuclear Deterrence: Some Causes and Consequences«, in: *The Sociological Quarterly*, 26 (Herbst 1985) 3, S. 311-330 (318).
22   »The least harmful result of a large-scale nuclear war would be the destruction of our civilization. The worst possible result would be the extinction of the human species.« William J. Perry, »How a US defense secretary came to support the abolition of nuclear weapons«, in: *Bulletin of the Atomic Scientists*, 76 (2020) 3, S. 290-293 (293).
23   Siehe Benoît Pelopidas, »The Birth of Nuclear Eternity«, in: Sandra Kemp/ Jenny Andersson (Hg.), *Futures*, Oxford/New York: Oxford University Press, 2021, S. 483-500.
24   Heinz Gärtner, »Der Vertrag über das Verbot von Nuklearwaffen und negative Sicherheitsgarantien«, in: Werkner/Hoppe, *Nukleare Abschreckung* [wie Fn. 32, S. 103], S. 143-158 (156).

Im Oktober 2020 ratifizierte der 50. jener 84 Staaten den Vertrag, die ihn bis dahin unterzeichnet hatten. Damit konnte er am 22. Januar 2021 in Kraft treten. Jedoch ist er völkerrechtlich nur bindend für jene Staaten, die ihm beitreten. Die Vertragsstaaten verpflichten sich im Wesentlichen, niemals »Kernwaffen oder sonstige Kernsprengkörper zu entwickeln, zu erproben, zu erzeugen, auf andere Weise zu erwerben, zu besitzen oder zu lagern«, zudem diese oder die Verfügungsgewalt darüber nicht weiterzugeben, nie diese Waffen einzusetzen oder mit ihrem Einsatz zu drohen und ferner eine Stationierung auf ihrem Hoheitsgebiet nicht zu gestatten.[25] Deutsche Außenpolitik tut sich mit dem Atomwaffenverbotsvertrag schwer. Grundsätzlich ist man dem Ziel einer atomwaffenfreien Welt verpflichtet, hält aber als Mitglied der NATO an der nuklearen Abschreckung fest.[26]

Der Vertrag kodifiziert das moralische Argument gegen Atomwaffen, das auf die humanitären Folgen eines möglichen Einsatzes abstellt, als völkerrechtliches Prinzip.[27] Das vertraglich festgeschriebene Atomwaffenverbot, so die Hoffnung, soll Druck auf die Atomwaffenstaaten ausüben und ihr Festhalten an der nuklearen Abschreckung schwächen. Es geht bei dieser Initiative um die Veränderung des normativen Kontextes, in den Nuklearwaffen und nukleare Abschreckung eingebettet sind.[28] Zugrunde liegt dem die Idee eines dreistufigen Prozesses: zunächst Stigmatisierung von Atomwaffen, dann Delegitimierung der Waffen

---

25   Text zu finden unter <https://www.un.org/Depts/german/conf/a-conf-229-17-8.pdf>.
26   Im Detail zur deutschen Position siehe Oliver Meier/Maren Vieluf, »Deutschland, die nukleare Abrüstung und der Atomwaffenverbotsvertrag«, in: *Die Friedens-Warte*, 94 (2021) 3-4, S. 358-389.
27   Jan Ruzicka, »The next great hope: The humanitarian approach to nuclear weapons«, in: *Journal of International Political Theory*, 15 (2019) 3, S. 386-400 (390).
28   Nina Tannenwald, »The Humanitarian Initiative: A Critical Appraisal«, in: Tom Sauer/Jorg Kustermans/Barbara Segaert (Hg.), *Non-Nuclear Peace: Beyond the Nuclear Ban Treaty*, Palgrave MacMillan, 2020, S. 115-129 (122).

durch den Verbotsvertrag, schließlich irgendwann Eliminierung dieser Waffen. Nur gibt es kein Anzeichen, dass die Initiative über die beiden ersten Stufen hinauskommt.[29]

Der Verbotsvertrag kann zu einer Veränderung des Diskurses führen, die Atomwaffenstaaten in Begründungsnöte und -zwänge bringen. Nur muss man sich bewusst bleiben: Die Prämisse, Atomwaffen seien an sich ein Übel und keinerlei Einsatz sei humanitär-völkerrechtlich zu rechtfertigen, wird insbesondere von den USA infrage gestellt.[30] Befürworter der nuklearen Abschreckung in westlichen Staaten argumentieren ja, es sei möglich, Atomwaffen einzusetzen, ohne die grundlegenden Normen des humanitären Völkerrechts zu verletzen – das heißt, das Unterscheidungs- und das Verhältnismäßigkeitsgebot. Rechtmäßig ist nukleare Abschreckung aus dieser Sicht dann, wenn ein rechtskonformer Atomwaffeneinsatz möglich ist. Ein solcher Legitimierungsansatz stellt auf die Möglichkeit ab, Atomwaffen kleinerer Sprengkraft zielgenau gegen militärische Objekte einzusetzen. Unkontrollierbare Folgen von Atomwaffeneinsätzen, das heißt radioaktiver Fallout und Strahlung, bleiben in diesem Rechtfertigungsansatz genauso ausgeblendet wie die kumulativen Wirkungen fortgesetzter »kleinerer« Einsätze.

Der den Verbotsvertrag stützende »humanitäre Diskurs«, in dessen Blickpunkt die Folgen eines Atomwaffeneinsatzes stehen, »untergräbt die Abstraktion von Kernwaffen als Abschreckungsmittel« und lenkt die Aufmerksamkeit darauf, dass sie potenziell Massenvernichtungsmittel sind.[31] Insofern kann der Verbotsvertrag dazu beitragen, die Scheu vor dem Einsatz von Nuklearwaffen zu stärken. Da Atomwaffen seit 1945 nicht mehr

---

29   So Jean-Baptiste Jeangène Vilmer, »The forever-emerging norm of banning nuclear weapons«, in: *Journal of Strategic Studies*, online, 1.6.2020; <https://www.tandfonline.com/doi/abs/10.1080/01402390.2020.1770732>.
30   Tannenwald, »The Humanitarian Initiative« [wie Fn. 28, S. 130], S. 117.
31   Ray Acheson, »Impacts of the nuclear ban: how outlawing nuclear weapons is changing the world«, in: *Global Change, Peace & Security*, 30 (2018) 2, S. 243-250 (248).

eingesetzt wurden, ist manchmal von einem »Tabu« die Rede, das in einer moralischen Ablehnung des Einsatzes solch zerstörerischer Waffen gründe.[32] Der Begriff Tabu suggeriert eine in moralischem Unbehagen wurzelnde Absolutheit, sodass auch einzelne Verstöße gegen das Tabu seiner Dauerhaftigkeit nichts anhaben können. Vielleicht ist es angebrachter von einer Tradition des Nichteinsatzes und einer Norm gegen den Einsatz zu sprechen, wie andere Autoren dies tun, die Zweifel hegen, ob der Verzicht auf den Einsatz von Atomwaffen unabhängig vom Verhalten anderer Staaten Bestand habe.[33]

Niemand weiß, wie stark und dauerhaft diese Norm, wie verbreitet sie in den Nuklearwaffenstaaten ist und ob sie sich nicht weniger aus absolutem moralischem Abscheu speist als aus der Sorge, mit dem ersten Einsatz von Atomwaffen nach 1945 einen Präzedenzfall zu schaffen. Vor allen Dingen stellt sich die Frage: Was würde geschehen, wenn eine Seite in einem Konflikt mit dem Einsatz von Nuklearwaffen begänne? Auch das strategische Bombardement im Zweiten Weltkrieg galt auf alliierter Seite ursprünglich als barbarisch, doch dann wurde es zu einer gängigen Praxis. Gerechtfertigt wurde dies durch das Verhalten des Feindes und die militärische Nützlichkeit.[34] Von einem nuklearen Tabu, von einer prinzipiellen Ablehnung des Einsatzes von Atomwaffen, lässt sich zumindest für die amerikanische Bevölkerung nicht sprechen; unter bestimmten Voraussetzungen wäre eine beträchtliche Zahl durchaus für den Einsatz von

---

32 Nina Tannenwald, »Stigmatizing the Bomb: Origins of the Nuclear Taboo«, in: *International Security*, 29 (Frühjahr 2005) 4, S. 5-49.

33 T.V. Paul, »Taboo or tradition? The non-use of nuclear weapons in world politics«, in: *Review of International Studies*, 36 (2010), S. 853-863; siehe auch Harald Müller, »Taboo or Tradition or What? A Critical Look at the Terminology and Conceptualization of Nuclear Nonuse«, in: *International Studies Review*, 23 (2021) 3, S. 1082-1085.

34 Siehe Rebecca David Gibbons/Keir Lieber, »How durable is the nuclear weapons taboo?«, in: *Journal of Strategic Studies*, 42 (2019) 1, S. 29-54.

Atomwaffen.[35] Auch in den Bevölkerungen anderer demokratischer Länder mit Atomwaffen findet sich nach einer neueren Untersuchung keineswegs eine kategorische Ablehnung von Kernwaffeneinsätzen selbst gegen die Zivilbevölkerung.[36]

Der Verbotsvertrag ist ein Instrument einer Strategie des normativen Wandels. Als Grundlage eines institutionalisierten »nicht nuklearen Friedens« reicht er jedoch nicht aus und bleibt in dieser Hinsicht defizitär, worauf Harald Müller hinweist, der sich wie kaum ein anderer Wissenschaftler in Deutschland mit Nuklearfragen befasst hat. Der Vertrag verbietet nicht die Nuklearwaffenforschung, ist schwach in der Frage des nuklearen Handels und der Verifikation und schweigt sich weitgehend darüber aus, wie sich seine Bestimmungen durchsetzen lassen, insbesondere wenn ein Staat aus dem Vertrag ausbricht. Ein nicht nuklearer Frieden verlangt jedoch mehr, nicht nur die materielle Denuklearisierung, sondern auch die mentale oder ideologische.[37] Doch das würde wohl eine fundamentale Neubewertung

---

35   Siehe Brian C. Rathbun/Rachel Stein, »Greater Goods: Morality and Attitudes toward the Use of Nuclear Weapons«, in: *Journal of Conflict Resolution*, 64 (2020) 5, S. 787-816 (810f.); ferner Scott D. Sagan/Benjamin A. Valentino, »Revisiting Hiroshima in Iran: What Americans Really Think about Using Nuclear Weapons and Killing Noncombatants«, in: *International Security*, 42 (Sommer 2017) 1, S. 41-79; Daryl G. Press/Scott D. Sagan/Benjamin A. Valentino, »Atomic Aversion: Experimental Evidence on Taboos, Traditions, and the Non-Use of Nuclear Weapons«, in: *American Political Science Review*, 107 (Februar 2013) 1, S. 188-206.

36   Siehe Janina Dill/Scott D. Sagan/Benjamin A. Valentino, »Kettles of Hawks: Public Opinion on the Nuclear Taboo and Noncombatant Immunity in the United States, United Kingdom, France and Israel«, in: *Security Studies*, Published online 28. Feb 2022.

37   Harald Müller, »What Are the Institutional Preconditions for a Stable Non-Nuclear Peace?«, in: Sauer/Kustermans/Segaert, *Non-Nuclear Peace* [wie Fn. 28, S. 130], S. 151-166 (bes. S. 152ff.). - Manche würden sagen: Es bedarf einer Weltregierung - einer Utopie, die man sich jedoch leicht auch als Dystopie eines tyrannischen Weltstaats vorstellen kann. Dazu Campbell Craig, »Can the Danger of Nuclear War Be Eliminated by Disarmament?«, in: Sauer/Kustermans/Segaert, *Non-Nuclear Peace* [wie Fn. 28, S. 130], S. 167-180; ders., »Solving the nuclear dilemma: Is a world state necessary?«, in: *Journal of International Political Theory*, 15 (2019) 3, S. 349-366.

nuklearer Waffen erfordern; noch immer gelten sie geradezu als »Verkörperung von Macht«.[38] Kann der Verbotsvertrag dazu beitragen, das Denken gegenwärtiger Diplomaten, Politiker und Militärs in den Atomwaffenstaaten zu ändern? Eher unwahrscheinlich. Aber vielleicht kann er die Einstellung und die Weltsicht künftiger Generationen beeinflussen und den Raum für eine breitere Debatte um die nukleare Abschreckung schaffen.[39]

In der Welt neuer Großmachtkonflikte erlebt die nukleare Abschreckung eine Renaissance. Rüstungskontrolle und Abrüstung haben wenig Zukunft. Unter diesen Bedingungen muss es vor allem darum gehen, die Norm gegen einen Nuklearwaffeneinsatz zu bewahren und sie zu stärken.[40] Doch was folgt daraus?

Erstens: Da die Annahme rational handelnder Akteure problematisch ist, kann nicht darauf vertraut werden, dass in Krisen, an denen Atommächte beteiligt sind, es nie zu einem Einsatz von Kernwaffen und einer nuklearen Eskalationskette kommt.[41] Ohne Zweifel wirkte während des Ost-West-Konflikts die wechselseitige Verwundbarkeit in Krisen mäßigend auf die Staatsführungen in Washington und Moskau. Doch die Abschreckungsbeziehung zwischen den USA und der Sowjetunion blieb von

---

38 Ann Harrington de Santana, »Nuclear Weapons as the Currency of Power: Deconstructing the Fetishism of Force«, in: *Nonproliferation Review*, 16 (2009) 3, S. 325-345 (341 »embodiment of power«).

39 Das zumindest ist die Hoffnung von Kjølv Egeland, »Nuclear Weapons and Adversarial Politics: Bursting the Abolitionist ›Consensus‹«, in: *Journal for Peace and Nuclear Disarmament*, 4 (2021) 1, S. 107-115.

40 »This attitude, or convention, or tradition, that took root and grew over these past five decades, is an asset to be treasured. It is not guaranteed to survive; and some possessors or potential possessors of nuclear weapons may not share the convention. How to preserve this inhibition, what kinds of policies or activities may threaten it, how the inhibition may be broken or dissolved, and what institutional arrangements may support or weaken it, deserves serious attention.« »An Astonishing Sixty Years: The Legacy of Hiroshima«, Prize Lecture, December 8, 2005 by Thomas C. Schelling; <https://www.nobelprize.org/uploads/2018/06/schelling-lecture.pdf>.

41 So John Borrie, »Human Rationality and Nuclear Deterrence«, in: Beyza Unal/Yasmin Afina/Patricia Lewis (Hg.), *Perspectives on Nuclear Deterrence in the 21st Century*, London: Chatham House, April 2020, S. 8-13 (13).

Instabilitätsrisiken belastet. Beide Seiten fürchteten, die andere könnte in einer ernsten Krise den Präemptivschlag erwägen. Wie wir wissen, waren die USA und die Sowjetunion während des Kalten Krieges verschiedentlich näher an der Möglichkeit eines Nuklearkrieges, als es damals bekannt und im Bewusstsein war. Im Rückblick erscheint es wahrscheinlich, dass politische Führungen die Risiken eines Kernwaffeneinsatzes eher unterschätzten, »insbesondere jene, die aus der Interaktion von komplexen Frühwarn- und Alarmsystemen und der Dynamik von Krisenentscheidungen entstanden«.[42] Ein Nuklearkrieg bleibt ein »globales katastrophales Risiko«, dessen Wahrscheinlichkeit und dessen genaue Folgen sich einer exakten Bestimmung entziehen. Das gilt insbesondere für die klimatischen Konsequenzen, aber auch die infrastrukturellen, wenn etwa die Elektrizitätsversorgung als Folge des nuklearen elektromagnetischen Impulses weithin zusammenbrechen würde.[43] Diese Risiken blendet das nukleare Abschreckungsdenken tendenziell aus. Sie im öffentlichen Bewusstsein zu halten und so die Scheu vor dem Einsatz von Kernwaffen zu stärken, ist in der Zeit neuer Großmachtkonflikte dringlicher denn je.

Zweitens: Der Verzicht auf einen Ersteinsatz von Nuklearwaffen seitens der USA und der NATO könnte ein Schritt zur Festigung dieser Norm oder Tradition sein. Ein Verzicht auf den Ersteinsatz von Atomwaffen wurde im Laufe der letzten Jahrzehnte immer wieder einmal diskutiert. Doch die USA tun sich schwer

---

42   Andrew Bennett, »Historical Case Studies«, in: James Scouras (Hg.), *On Assessing the Risk of Nuclear War*, Laurel, Maryland: Johns Hopkins Applied Physics Laboratory, 2021, S. 17-42 (33). (»[...], it is likely that top leaders have underestimated the risks of nuclear weapons use, particularly those arising from the interaction of complex warning and alert systems and the dynamics of crisis decision-making.«)

43   James Scouras, »Nuclear as a Global Catastrophic Risk«, in: *Journal of Benefit-Cost Analysis*, 10 (2019) 2, S. 274-295; siehe ferner Seth D. Baum/Robert de Neufville/Anthony M. Barrett, *A Model For The Probability Of Nuclear War*, Global Catastrophic Risk Institute Working Paper 18-1, März 2018.

mit einer solchen Veränderung ihrer Nukleardoktrin – auch und gerade aus bündnispolitischen Gründen. Verbündete in Asien und Europa fürchten, damit würde die Glaubwürdigkeit erweiterter Abschreckung gefährdet. Für die NATO, die auch nach dem Ende des Kalten Krieges den Ersteinsatz von Atomwaffen nie ausgeschlossen hat, würde dies eine Veränderung bedeuten. Die Sorgen der Verbündete treffen auf Resonanz in den USA. Von Kritikern eines Verzichts auf den Ersteinsatz ist immer wieder das Argument zu hören, die Gegner der USA würden einem solchen Schritt ohnehin keinen Glauben schenken, aber die Verbündeten könnten dies tun.[44] Wie es scheint, setzt Präsident Joseph Biden nicht um, was er im Wahlkampf in Aussicht gestellt hatte: Der »einzige Zweck« (*sole purpose*) amerikanischer Nuklearwaffen solle darin bestehen, einen nuklearen Angriff abzuschrecken und falls nötig auf einen solchen zu reagieren. Ob *Sole Purpose* tatsächlich *No First Use* bedeutet, war nicht ganz klar.[45] Aber unter den Verbündeten in Europa und in Asien wurde dies offenbar so verstanden und das Unbehagen an einem solchen Schritt kundgetan.[46]

Jede Veränderung am nuklearen Status quo weckt offenbar Ängste, der »nukleare Schutzschirm« der USA könnte Risse bekommen. Immer wieder verdrängt werden, so scheint es, Zweifel an der Glaubwürdigkeit der erweiterten nuklearen Abschreckung, das heißt an der Bereitschaft der USA, das Risiko einer mit der Zerstörung amerikanischer Städte endenden atomaren Eskalation einzugehen. Verdrängt wird auch, unter welchen Bedingungen der Ersteinsatz von Atomwaffen in Betracht

---

44 Zur Diskussion siehe etwa Robert Einhorn, *No-First Use of Nuclear Weapons is Still a Bridge Too Far, but Biden Can Make Progress Toward That Goal*, Washington: The Brookings Institution, Oktober 2021.

45 Als Überblick über die Debatte siehe Anna Clara Arndt/Liviu Horovitz/Lydia Wachs, *The US »Sole Purpose« Debate: A Backgrounder*, Berlin: Stiftung Wissenschaft und Politik, Dezember 2021.

46 Siehe Demetri Sevastopulo/Henry Goy, »Allies lobby Biden to prevent shift to ›no first use‹ of nuclear arms«, in: *Financial Times*, 30.10.2021.

käme. Will man auf diese Option nicht gänzlich verzichten, aber gleichzeitig die Schwelle hoch ansetzen, dann käme als Leitlinie in Frage: Der Einsatz von Atomwaffen wird nur dann erwogen, wenn ein existenzbedrohender Angriff gegen ein NATO-Mitglied nicht mit anderen, weniger destruktiven Mitteln gestoppt werden kann.[47] Eine solche Richtschnur ist bei aller Unschärfe restriktiver als die in den NATO-Kommuniqués zu findende Formulierung, die die Möglichkeit eines Nuklearwaffeneinsatzes nahelegt, wenn die »fundamentale Sicherheit« eines Mitgliedsstaates bedroht ist.

Drittens: Folgt man dem Imperativ, alles Mögliche müsse getan und manches unterlassen werden, um die Norm gegen den Einsatz von Nuklearwaffen zu bewahren, dann kann das bedeuten, im Kriegsfalle auf einen gegnerischen Ersteinsatz nicht mit einer nuklearen Gegenreaktion zu antworten.[48] Die Frage könnte sich für die NATO stellen, wenn Russland die nukleare Schwelle überschreiten und eine Atomwaffe relativ geringer Sprengkraft einsetzen würde, um Entschlossenheit und Risikobereitschaft zu demonstrieren – etwa mit der Detonation einer Atomwaffe in großer Höhe über einer Stadt, damit der elektromagnetische Impuls deren Stromnetz lahmlegt. Szenarien, in denen eine solche oder ähnliche Möglichkeiten durchdacht werden, haben mit dem Krieg gegen die Ukraine und dessen Eskalationspotenzial an Plausibilität gewonnen – sei es, Russland geriete an den Rand einer Niederlage; sei es, NATO-Staaten würden einen langanhaltenden ukrainischen Partisanenkrieg unterstützen und Russland

---

47 Siehe den mit Blick auf die US-Nukleardokrin gemachten Vorschlag von George Perkovich/Pranay Vaddi, »Toward a Just U.S. Nuclear Declaratory Policy«, in: *Arms Control Today*, März 2021.
48 Siehe die Überlegungen mit Blick auf einen möglichen Ersteinsatz durch Nord-Korea bei Thomas Doyle, »Morally Justified Responses to North Korean Nuclear First Use: Reflections on the Nuclear Taboo«, in: Erin Hahn/James Scouras/Robert Leonhard/Camille Spencer (Hg.), *Responding to North Korean First Use: Minimizing Damage to the Nuclear Taboo*. Workshop Proceedings, The Johns Hopkins University Applied Physics Laboratory, 2020, S. 9-11.

griffe Rückzugsgebiete auf NATO-Territorium an, was zu einer direkten militärischen Konfrontation führen könnte. Die USA und die NATO würden sich nach einem russischem Atomwaffeneinsatz unter Druck sehen, ebenfalls Entschlossenheit zu demonstrieren und mit einem entsprechenden Atomwaffeneinsatz zu antworten. Der Verlauf von *War Games*, in denen seit Jahren ein möglicher russischer Atomwaffeneinsatz gerade auch mit Blick auf eine Bedrohung der baltischen Staaten durchgespielt wurde, und die im Abschreckungsdenken so tief verankerte Sorge um die Glaubwürdigkeit von Drohungen legen eine solche Reaktion nahe.[49] Gelegentlich ist zu hören, die NATO solle eine solche proportionale Reaktion zu ihrer erklärten Nukleardoktrin erheben.[50] Doch die Bewahrung und Festigung der Norm gegen einen Einsatz von Kernwaffen würde eine andere Reaktion erfordern: nämlich den Staat, der solche Waffen als erster einsetzt, zu ächten – und die Eskalationskette zu unterbrechen, deren Ende man sich nicht ausmalen mag.

---

49   Siehe Christopher S. Chivis, *How Does This End?*, Washington, D.C.: Carnegie Endowment for International Peace, 3.3.2022.
50   So Binnendijk/Gompert, »Decisive Response« [wie Fn. 2, S. 48].